酒图像里的近代中国

薛化松 著

书海出版社

图书在版编目（CIP）数据

酒图像里的近代中国 / 薛化松著. -- 太原：书海
出版社，2023.2
　　ISBN 978-7-5571-0096-4

　　Ⅰ.①酒… Ⅱ.①薛… Ⅲ.①酒文化 - 文化史 - 中国
- 近代 Ⅳ.①TS971.22

　　中国国家版本馆CIP数据核字（2023）第027031号

酒图像里的近代中国

著　　者：薛化松
责任编辑：武海峰
复　　审：吕绘元
终　　审：李　颖
装帧设计：张慧兵

出 版 者：山西出版传媒集团·书海出版社
地　　址：太原市建设南路 21 号
邮　　编：030012
发行营销：0351-4922220 4955996 4956039 4922127（传真）
天猫官网：https://sxrmcbs.tmall.com　电话：0351-4922159
E-mail：sxskcb@163.com 发行部
　　　　　sxskcb@126.com 总编室
网　　址：www.sxskcb.com

经 销 者：山西出版传媒集团·书海出版社
承 印 厂：天津中印联印务有限公司

开　　本：710mm×1000mm　1/16
印　　张：16
字　　数：240千字
版　　次：2023 年 2 月 第 1 版
印　　次：2023 年 2 月 第 1 次印刷
书　　号：ISBN 978-7-5571-0096-4
定　　价：118.00 元

如有印装质量问题请与本社联系调换

南京大学历史学院中国酿造史研究中心　课题成果

南京大学新中国史研究院　学术支持

序　言

　　酒既是一种重要饮品，也是一种情感表达，更是一种文化象征，是浩瀚无垠的中国文化和源远流长的中华文明的重要支流。中国酿酒史与华夏文明史交相辉映，相得益彰，中国的酿酒文化和相关的社会影响凝聚着中华民族的勤劳与智慧，反映着中国历史文化、政治经济的发展与变迁，是中国历史发展的缩影。

　　非常高兴为薛化松的这本专著写序，他作为行业内优秀的文化学者，是企业文化精神的高度践行者与引领者。长期以来，他致力于中国酒史为代表的酿造史料的挖掘整理与潜心研究，对近当代以酿酒相关的经济史、文化史和工艺史有着多角度的观察与思考。较之传统酿酒工艺史、常规的涉及酒的研究而言，本书系统介绍了一百多年前的中国人对酒的主客观印象、消费观念和各种文化现象，带给了我们除了酒本身之外的图像。相信本书能让大众读者在墨香中品尝"酒的滋味"，在跃然纸上的画面里观看"酒的视界"。

　　站在历史和未来的交汇点上，在继承弘扬中华优秀传统文化的时代召唤下，酿酒因梦想而坚定，饮酒因梦想而热爱，书酒因梦想而成著。衷心希望《酒图像里的近代中国》能给大家带来更多更好的关于酒的精神文化享受。再次对他的钻研精神和敬业勤勉表示敬意。

江苏洋河酒厂股份有限公司党委书记、董事长　张联东

2022 年 7 月 16 日

目 录
— CONTENTS —

图片目录

绪论：酒图像与近代中国社会

酒，是中国日常文化中不可或缺的元素，也是中国不可忽视的"饮品"。在中国传统文化中，无酒不成席。"无论是婚丧嫁娶，朋友离聚，逢年过节，庆祝庆典，还是在日常的餐桌上，酒都是不可缺少的元素，酒已经成为一种符号与象征，以酒代礼成。"[①] "从人类历史有关于对酒的记载开始，人类便与酒结下了不解之缘，酒，是一种无色可以饮用的液体，其自身本不存在任何物质价值和文化道德价值，但是随着酒文化在历史长河中不断地沉淀积累，酒也逐渐被人类赋予一种复杂的甚至是相互矛盾的价值文化。由于时间空间存在一定的差异，这种价值也会有不同的体现。在不同的社会当中，酒的价值往往受到权力、性别、等级等因素的影响。"[②]《汉书·食货志》记载："酒者，天之美禄，帝王所以颐养天下，享祀祈福，扶衰养疾。百礼之会，非酒不行。"类似的古文不胜枚举，折射了古人的智慧与酒在古代生活中的重要地位。

近年来，随着新文化史研究的勃兴，对酒等饮品的专门史研究方兴未艾，也涌现出了丰硕的研究成果，这为我们勾勒了酒与近代中国社会、经济与文化丰富的场景与内容，展现了酒背后的社会文化史。

---

① 周丽：《中国酒文化与酒文化产业》，昆明：云南大学出版社，2018年，第2页。

② [加] 罗德·菲利普斯：《酒：一部文化史》，马百亮译，上海：格致出版社、上海人民出版社，2019年，第1页。

一、酒图像概念的提出

当今的历史研究，不仅依赖传统的文字材料，也愈加看重在历史长河中产生的大量图像史料，在西方国家，一些学者已经将图像作为重点研究对象。德罗伊森是德国著名的思想家，他曾提出，历史学家对以往的事件进行研究调查的过程中，应该采用较为系统的方式，运用视觉艺术这一历史材料，才能为历史资料的建立奠定更加稳定的基础。约翰·赫伊津哈认为，历史学家对以往的历史进行研究时，应该首先对流传下来的图像进行研究，这是一种对往事追根溯源的方法，为了对历史进行更加清晰敏锐的了解，就需要对这些富有历史感的图片进行研究。[①]人们在对情感进行传递和表达的过程中，通常会采用图像这种方式，这就在一定程度上决定了图像中通常会蕴涵一定的艺术价值特性。因此，图像也可以作为一种史料进行研究，这种史料在一定程度上是当时社会的整体民族思想和民俗文化的一种体现。图像不应只是文字构成的史书插图，它们本身就是一种语言。本选题源于笔者的职业背景，笔者长期以来工作于酒类企业，酒既是笔者生存的依托，也是日常生活的中心。对于在酒厂工作的人，对酒文化的研究，本就是自然而然之事。

笔者在求学阶段，受益于诸多名师的教诲，对酒文化的兴趣更是有增无减，对新文化史、物质文化史、图像史等跨学科领域的研究兴趣也日益浓厚。怎样深入挖掘酒文化、拓展酒文化、讲好酒故事，成了笔者脑海中一直萦绕的问题。围绕这一问题，在日常翻阅近代报刊和浏览各类网络数据库的过程中，各种各样的酒图像日益引起我的注意。

为什么是图像？这一问题的答案既简单，又不简单。说它简单，因为图像易懂，不识字者也可辨识，而且一图千言。戈公振在《中国报学史》中曾指出：文义有深浅，而图画则尽人可阅；纪事有真伪，而图画则赤裸裸表出。盖图画先于文字，为人类天然爱好之物。虽村夫稚子，亦能引其兴趣而加以粗浅之品评。而且图像印刷借助于现代媒介传播的特性，尤其是各类画报画

---

① 曹意强：《艺术与历史》，杭州：中国美术学院出版社，2015年，第63页。

刊的涌现，更是对图像的传播起到了推波助澜的作用。戈公振又从另一视角指出："画报的特质，最显著的特征就是具有一定的普遍性和通俗性，这种方式可以让大众容易理解，也可以最大程度上引起人们的兴趣；而不是像'字报'一样，只有具有一定的知识阶层的人能读懂。"[①] 可以说，酒与图像的相遇、相识、相助，是自然而然的事情。

但是，若细细考虑，这一问题又不简单。它最为深刻的体现就是我们如何做到看图说话。中国最古老的文字甲骨文就有酒字，写作"酉"，是一个象形字，像一个圆口、细颈、宽肚、尖底的瓶子；或解释为酒坛子正在倾斜着向外倒酒。这是一个"酒"字的图像史。到民国时期，有成千上万的酒图像，我们又该如何看图说话呢？

笔者认为，在历史学研究中追寻这一问题的答案，过程显然不是那么简单的。笔者将这一思考与各位师友讨论后，坚定了笔者对酒图像研究的兴趣。与此同时，在近代报刊资料的整理过程中，笔者也越来越体会到：要了解近代中国的社会文化史，酒图像是一个不可忽视的窗口。民国时期，乃至当下，酒在人们的社会生活中无处不在，离开了酒，中国的社会文化史就不是一部完整的社会文化史。也许这就是本书的研究意义所在。

当下，图像史的研究越来越成为热点，对于酒文化的研究也是如此，酒文化不单单是指酒文字，更是指酒图像，两者缺一不可。在本书中，酒图像主要包括三方面内容：一是酒类饮品的外观及标识识别的图像；二是酒类饮品的广告及商业消费图像；三是社会生活中围绕酒类及其文化所形成的衍生类图像。

二、国内外学术史回顾

在酒的物质文化史、图像史研究层面，从已有的研究成果来看，迄今尚未见到从图像史视域深入探讨酒与近代中国的专题性研究成果，只是在一些

---

① 戈公振：《中国报学史》，长沙：岳麓书社，2012年，第207页。

相关的论著和论文中对这一问题有所涉及，且叙述性、说明性的文字居多，直接引用酒图像甚少。诚然，虽然对于酒图像的研究专题性成果较为少见，但是以往学者对广告、酒文化的相关研究也是不可忽视的，很多学者在研究中已对酒图像进行搜集与利用。本部分围绕学界已有的相关研究成果，进行梳理。

国外研究方面，以加拿大学者罗德·菲利普斯[①]的《酒：一部文化史》为代表。在该书中，作者指出了酒一直是一种具有很大争议性的商品。在长期以来的文化和经济史中，作为日常健康饮品的酒，与作为社会、政治和宗教对象的酒之间展开了一场拉锯战。酒是怎样同权力相博弈的，又是如何与性别、阶级、种族和世代等问题产生联系的。通过对这些问题的探讨，作者着重讨论了酒消费的社会和文化面向，并引用了大量珍贵的图像。虽然其研究的侧重点在欧洲与北美洲，但对我们认知酒文化的世界历史大有裨益。

艾丽卡·赫妮克在《葡萄帝国：美国的葡萄酒文化》一书中指出，种植葡萄不仅仅是一种物质实践，还是一种强大的意识形态，一套美学，以及无处不在的国家权力话语。当然，在世界各国，酒都是有着自身独特文化的。《葡萄酒在英国的政治：一部新的文化史》一文中指出，葡萄酒的消费与文化折射了政治权力在英国的形态。该文从红葡萄酒如何自然地成为最具保皇派色彩的葡萄酒开始说起，与之形成对比的是，属于中产阶级的部分国会议员们喝的淡啤酒和啤酒，这是对国王和政治秩序的效忠声明。此外，该文还指出，葡萄酒写作流派的出现，使法国葡萄酒成为世界上最好的葡萄酒。所有这些趋势最终在格拉德斯通的措施中融合在一起，提倡低度葡萄酒消费，适合拥有土地的富人和新中产阶级，这象征着繁荣、健康和道德。

有意思的是，一方面，人们通过宣扬制酒的技术、饮酒的好处以达到各种目的；另一方面，人们发现饮酒所带来的各种家庭问题、社会问题层出不穷。譬如酗酒的俄罗斯人，因为饮酒和朋友大打出手，家庭关系破裂；但他

---

① 罗德·菲利普斯：卡尔顿大学历史系教授，著有《葡萄酒简史》《葡萄酒9000年：一部全球史》等多部酒类（尤其是葡萄酒）研究的书籍。

戒酒后，妻子回到了身边，孩子也围坐在餐桌（图绪论—1）。关于禁酒的研究也是国外酒文化研究的热点。理查德·门森所写的《从恶魔到达令：美国酒法律的历史》是其中不可忽视的一部专著，这本书有几个主要观点。其一，关于酒精（尤其是葡萄酒）在社会中的角色的流行观念在美国历史上一直剧烈波动，为适应这些不断变化的标准而出台的法律，往往反映了利益集团的愿望。其二，无论对酒精实行什么样的管理制度，"禁酒铁律"仍然有效。正如作者指出，法律越严厉，饮酒者就越有可能转而饮用烈性酒精饮料。其三，纵观美国历史，在公众对酒精政策的辩论中，酒生产商和种植葡萄者相对冷漠的态度令人吃惊。相比之下，积极参与的政治利益集团（如酿酒商）已经在不断变化的酒精法版图中开辟了具有经济价值的法律利基。[1] 简要来说，该书对我们理解近代酒法律的演变和围绕美国酒精政策的政治辩论作出了重大贡献，对与酒相关的经济、政治和法律问题感兴趣的读者来说，这本书是值得一读的。

图绪论—1　俄罗斯的酗酒现象：饮酒的负面影响与戒酒的好处形成了鲜明的对比 [2]

① Richard Mendelson, *From Demon to Darling: A Legal History of Wine in America*, Berkeley, University of California Press, 2009.

② [加] 罗德·菲利普斯：《酒：一部文化史》，马百亮译，上海：格致出版社、上海人民出版社，2019 年，第 9 页。

此外，托马斯·布伦南对酒精进行了颇有趣味的研究，他在《酒精与法国的文化史》一文中指出，对酒精的研究一直是学界的"边际兴趣"，似乎很难引起人们的注意，他倡导学术研究者们去研究法国的休闲、收入和文化问题，以新的方式了解酒精的历史。在他的研究中，将饮酒看作一种文化的塑造。马里昂则研究了饮酒如何引发关于个人、集体和国家身份形成过程中的文化和社会过程的问题，她认为，饮酒曾经是城市和农村工人阶级的主要饮食，现在已经发展成为中产阶级的社会和文化标志。这种新文化有自己的仪式和复杂的语言，通常是基于酿酒学和美食知识：越来越多的专业指南、杂志、电视节目和网站都有助于它的传播。

以上所列举的研究成果是笔者所见的一部分，相较于国内研究，国外从新文化史视角切入研究酒的成果极为丰富，很多研究结论也让人耳目一新。这些研究成果，尤其是独特的研究视角与方法，有助于深化中国酒文化史的研究。

国内研究者对酿酒历史、酒文化等方面已有相当丰硕的研究成果。本书的研究，关注酒的物质文化史，主要围绕酒的类别，诸如葡萄酒、啤酒、蒸馏烈酒等不同酒类，以及酒行业的代表商品等展开讨论。

1. 有关啤酒与近代中国的研究

徐兴海、胡付照在其合著的《中国饮食思想史》中指出：3200 多年前，我们的祖先已经用麦子发芽酿酒了。古籍上称为"醴"，是一种甜酒，类似于今天的啤酒。真正意义上的啤酒被引进我国是近代的事，外国侵略者喝不惯中国白酒，开始进口啤酒，后来设厂生产。1900 年，沙俄在哈尔滨建立我国第一个啤酒厂。1903 年，前身是青岛啤酒厂的青岛英德啤酒公司，由英德合资成立……虽然我国啤酒工业在资金、技术设备上都不及外商，但敢于竞争。尤其是原名醴泉啤酒公司的山东烟台啤酒厂，在上海与外国企业展开了激烈的竞争，并打开了市场，成为近代商业史上的佳话。[①]

---

① 徐兴海、胡付照：《中国饮食思想史》，南京：东南大学出版社，2015 年，第 330 页。

作为全球性饮品，啤酒历史悠久，但对大多数中国人来说，直到20世纪初，对它还相当陌生。啤酒自传入中国后便扮演着众多角色。在普及啤酒知识的过程中，它不仅作为有益健康的酒精饮品被追捧，还与是否爱国有关。当其慢慢融入通商大埠的日常生活时，又成为一种社交载体与时尚标识。对此问题，马树华在《啤酒认知与近代中国都市日常》一文中，以翔实的史料细致梳理了近代中国民众对啤酒的认知过程，并借此视角，研究与探讨了近代中国都市日常生活与文化风貌的变迁。在该文中，作者引用了不少有价值的酒图像，以此解答了啤酒为什么会起泡（图绪论—2）、说明了啤酒的酿造、装售步骤等，以及各类啤酒广告（图绪论—3、图绪论—4）等，展示了啤酒进入中国以来表现出的不同身份："从新鲜的进口产品到城市日常生活的流行标志，从跨洲贸易的主要货物到热情的狂欢。现代国人对其认识的历程，折射出中国现代城市的日常生活和文化特征"。①

图绪论—2　啤酒为什么会起泡 ②

---

① 马树华：《啤酒认知与近代中国都市日常》，《城市史研究》，2016年第2期。

② 马树华：《啤酒认知与近代中国都市日常》，《城市史研究》，2016年第2期，第170页。

图绪论—3 《青岛时报》上刊登的怡和啤酒广告（1）[①]

图绪论—4 《青岛时报》上刊登的怡和啤酒广告（2）[②]

---

① 《青岛时报》1937 年 3 月 10 日广告。马树华：《啤酒认知与近代中国都市日常》，《城市史研究》，2016 年第 2 期，第 172 页。

② 《青岛时报》1937 年 3 月 10 日广告。马树华：《啤酒认知与近代中国都市日常》，《城市史研究》，2016 年第 2 期，第 172 页。

与此同时，在中国研究啤酒，总离不开一座城市——青岛。正如马树华所指出："1903 年，青岛啤酒厂成立，并与其同一时期创立的啤酒公司共同开创了中国酿酒行业的一个新时代，青岛也成为现代啤酒业的发源地。在啤酒逐渐流行、品牌增多的时代风潮中，作为啤酒行业先行者的青岛啤酒，凭其精良的酿造工艺与优质原料，销路一直畅旺，并实现了民族品牌和民族文化身份的塑造。同时，通过技术推广，使啤酒消费真正大众化，培育出一种风靡全国的新都市生活方式与文化景观。"①

相较于马树华从城市生活史角度的考察，侯深和王晨燕则将青岛啤酒的研究置于全球史的视域下，为我们呈现了青岛啤酒厂 50 年间的环境史，考察了这种外国饮料怎样改造了当地的景观、怎样促进城市发展、怎样形成完整的啤酒全球网络的问题。他们最后有此总结："在目前全新的、混乱的、较为脆弱的生态系统形成的过程中，主要是受到土壤，水源，农作物，重新种植的森林，野草，灌木，海洋的潮汐等因素的影响，他们彼此交织在一起。而青岛啤酒仅仅是以一个节点存在于这个世界网络当中，与其他的节点、线索和一切活跃的元素联系在一起。"②

2. 有关葡萄酒与近代中国的研究

葡萄和葡萄酒的生产，一直是农村副业，这也就导致了葡萄酒产量很少，从而一直没有引起人们的注意。1892 年，张弼士（图绪论—5）开始在烟台种植葡萄，创办了张裕葡萄酿酒公司，这是中国近代第一家葡萄酒酿酒公司（图绪论—6）。张裕葡萄酿酒公司最先采用玻璃瓶装酒，我国葡萄酒的包装与宣传开始有了新的风格。

---

① 马树华：《品牌、技术、都市生活：青岛啤酒的日常之路》，《东方论坛》，2019 年第 5 期。
② 侯深、王晨燕：《摩登饮品：啤酒、青岛与全球生态》，《全球史评论》，2018 年第 1 期。

图绪论—5　张裕葡萄酿酒公司创始人张弼士 [①]

图绪论—6　张裕葡萄酿酒公司大门 [②]

吕庆峰在《近现代中国葡萄酒产业发展研究》中对中国近代葡萄酒的发展进行了研究，并对其在国际上的发展进行了探讨。[①] 他把 1892 年张裕葡萄酿酒公司的创立作为中国近现代葡萄酒发展的一个开端，考察了民国时期我国酿酒业的发展及其地域分布特征。

陈习刚在《中国葡萄文化史绪论》中提出了葡萄文化的概念，他认为：所谓的葡萄文化，就是一种由葡萄树和它的产物所构成的一种文化。狭义上的葡萄文化，是以葡萄、葡萄树、葡萄酒等相关事物为主体，其实就是一种精神方面的葡萄文化；具体而言，主要指的是语言、文献、文学、艺术、宗教信仰、社会生活、医学、考古等领域中的葡萄、葡萄树、葡萄酒等形象，所带来的一系列价值观念和影响。[②] 由这一概念，可以看出葡萄酒对中国社会影响之深。再如，伍星尧聚焦于清代葡萄文化并进行了更为具体、立体化的个案探讨。他指出：由于战乱、西域和欧洲葡萄酒输入的影响，清代的葡萄分布范围比较广。从用途上来说，大部分的葡萄都是食用，但是在山西等地，酿酒技术一直发展延续。清朝品酒的水平虽不及元明，但仍有大量品酒佳作，说明大陆酒文化在清朝虽已严重衰退，却在山西等地得以延续，并得以发展。[③]

山西酒厂于 1921 年 10 月 10 日成立，它的初衷是为振兴民族工业，以生产葡萄酒取代进口产品。山西人张治平在 1921 年 10 月于山西清徐创立了新记益华酒厂，这是当时国内为数不多的以机器制造红酒的大型企业。该厂在建厂初期购买了法国设备，并建造了一个地窖，本地李氏作坊自制的瓷坛成为该厂装酒的器皿。[④] 此外，山西当时还有太谷亚美公司等酒厂（图绪论—7）。

---

① 吕庆峰：《近现代中国葡萄酒产业发展研究》，博士学位论文，西北农林科技大学，2013 年。
② 陈习刚：《中国葡萄文化史绪论》，《农业考古》，2014 年第 3 期。
③ 伍星尧：《清代葡萄酒文化探析》，《文教资料》，2019 年第 32 期。
④ 徐兴海：《酒与酒文化》，北京：中国轻工业出版社，2018 年，第 330 页。

图绪论—7　山西太谷亚美公司葡萄酒商标 [1]

3. 有关蒸馏烈酒与近代中国的研究

近代中国的蒸馏烈酒，尤其是中国复式蒸馏的烧酒，晚清以来迅速覆盖全国，这也是近代中国工业化和世界接轨的一个社会话题。将中外酒品种进行比较，是认识中国酒文化的一个方面。《味觉乐园：看香料、咖啡、烟草、酒如何创造人间的私密天堂》中论述到："烧酒的问世，标志着传统酒类的消亡。传统的酒文化是基于葡萄酒和啤酒不断发展的，这也就是所谓的有机酒精饮料，其酒精含量与植物中的糖水平相匹配。而烧酒的出现破坏了这种天然比例，因为通过蒸馏可以大大提高酒精的浓度。粗略地讲，烈性酒的酒精浓度是啤酒的 10 倍，饮后效果也不同寻常。人在喝葡萄酒和啤酒的时候，都会慢慢地喝上一口，然后就会有一种醉意，而烧酒却会让人一口气喝光，从而让人们在短时间内获得更大的醉意。" [2]

书中还指出，在英国，啤酒是城市的主宰，烧酒的出现就像是一道晴天

---

① 徐兴海：《酒与酒文化》，北京：中国轻工业出版社，2018 年，第 330 页。

② [德] 希维尔布希：《味觉乐园：看香料、咖啡、烟草、酒如何创造人间的私密天堂》，李公军、吴红光译，天津：百花文艺出版社，2005 年，第 142—143 页。

霹雳，对社会的摧毁程度颇深，使得传统的饮酒习惯在这种高度麻醉饮品的作用下显得不堪一击（图绪论—8）。

图绪论—8　漫画《酒业恐慌》[①]

可以看出，以中国传统白酒为代表的中国酒类，在近代中国逐渐显示出自己的一片天地，哪怕这个天地很小，仍然在近代中国酒类图像中、在消费者的心智认知中撕开了一个口子，浩浩荡荡的中国传统白酒走出了符合中国国情的广阔天地。

4. 酒业发展与近代中国社会

郭旭的《中国近代酒业发展与社会文化变迁研究》[②]一文，通过对现代中国白酒生产、运输、销售、消费等方面的考察，对现代中国人的健康饮食观念进行了归纳，并以贵州茅台酒为实例，对中国近现代的酒税制度进行了较为全面的分析。

关于酒类企业，相关研究成果不胜枚举。如对张裕葡萄酿酒公司的研究一直方兴未艾。马智慧的《张裕酿酒公司的创办及其早期发展研究（1892—

---

① 《酒业恐慌》，《新闻报》，1931 年 4 月 12 日，第 3 版。
② 郭旭：《中国近代酒业发展与社会文化变迁研究》，博士学位论文，江南大学，2015 年。

1916）》^①对张裕葡萄酿酒公司的早期发展进行了研究；姜雯雯的《从非正式制度看张裕酿酒公司的兴衰（1892—1937）》^②则从企业制度的角度对张裕葡萄酿酒公司进行了研究，并对张裕酒业前期的成功与后期的衰落进行了对比分析。此外，还有对茅台酒业的研究，黄萍的《贵州茅台酒业研究（1728—1956）》^③，从6个方面对茅台酒业进行了分析，分别是：茅台地域建制和区位演变，茅台酒的产生与发展原因，茅台酿酒独特的生产环境，茅台发展的重要事件和重要人物，茅台酿酒企业的经营管理，茅台在中国的发展和演变。除此之外，郭旭还对清初以后茅台的发展进行了梳理，并将重大历史事件与长期的区域经济、文化发展联系起来，对茅台的历史和文化遗产进行了进一步的总结。

王荣华在《米、酒、税的三重变奏：20世纪40年代福建禁酿问题研究》中指出：20世纪40年代，福建省酒类酿造经历了反复的"禁"与"弛"，即战时禁酿、解禁到再度禁酿及战后弛禁、复禁。表面上看是禁止粮食酿酒，实际上与税收亦有相当密切的关系；既是米、酒、税之间的此消彼长，也是地方政府与国民政府各部之间的博弈；既有不同利益群体的各自考量，也有对同一政策的不同解读与执行；既有酿户承受被征且被罚的双重负担，又有战后迫不及待重启酿造生活的诉求。追求最大利益，驱使各方在米、酒、税的共同变奏与交织中互相博弈，节约粮食政策最终演变为寓禁于罚，米、酒、税的三重变奏也逐渐偏离政策的主旨与初衷。^④

肖俊生围绕民国时期西康酒税征收情形进行了扎实的研究。他的研究揭示出：西康的经济基础薄弱，除农牧产品外，手工副业发展很落后。民国时

---

① 马智慧：《张裕酿酒公司的创办及其早期发展研究（1892—1916）》，硕士学位论文，东北师范大学，2007年。

② 姜雯雯：《从非正式制度看张裕酿酒公司的兴衰（1892—1937）》，硕士学位论文，浙江财经大学，2012年。

③ 黄萍：《贵州茅台酒业研究（1728—1956）》，博士学位论文，四川大学，2010年。

④ 王荣华：《米、酒、税的三重变奏：20世纪40年代福建禁酿问题研究》，《近代史研究》，2021年第2期。

期四川的酒业发展迅速，西康采取支持态度。西康对酒业的政策、酒税征收举措与四川几乎一致。酒业发展的增长与衰落亦与四川接近，部分产酒县份酒税对经济的贡献比较大，这为我们呈现了一个区域的酒业发展与地方社会的历史。① 此外，肖俊生还围绕民国时期四川酒业资本与经营管理做了深入研究。他发现：酿酒业作为中国传统手工业，在民国时期，经过了从家庭、副业到工坊、现代公司的演进，其中尤以四川酒类生产最为闻名。作为家庭副业的酿酒，在四川农村普遍存在，它不需要添置较多的设备，原料系自产或以酒换粮，资本规模很小。一些专业作坊的资本来源途径较多，尤以榨油业、盐业、零售业资本为主。具有近代企业性质的较大规模的酿酒企业，如允丰正、大川酒行、泸州温永盛等，不仅融资途径灵活，与银行关系密切，吸纳了较多的盐业资本，而且多为股份制，有明确的生产管理分工和按劳计酬的分配制度。这些大规模的酿酒企业重视产品质量和品牌，并涌现出一批对酒业发展作出较大贡献的企业家，他们不仅努力使酿酒业成为一个独立的行业，而且促成四川酿酒业由传统家庭手工业向近代工业转变。②

5. 跨学科视域下的酒与中国社会

除以上研究分类外，围绕酒的物质与文化史的研究成果还很多，我们难以一一概述，但从上述相关研究成果中就可以窥视到酒的物质文化史研究的蓬勃生命力。囿于学界对此研究多在中国古代社会，所以不同于前面三部分学术史梳理与回顾只关注近代，本部分将会向前追溯。

李寻、楚乔《酒的中国地理：寻访佳酿生成的时空奥秘》③一书，通过作者多年来对中国酒文化和文献的深入研究，特别是走遍全国考察酿酒业、采访著名酿酒师所获得一手资料的系统总结，探索了酒文化的地理分布与时空

---

① 肖俊生：《民国时期西康酒税征收情形》，《西南民族大学学报》（人文社科版），2008 年第6 期。

② 肖俊生：《民国时期四川酒业资本与经营管理》，《四川师范大学学报》（社会科学版），2008 年第 3 期。

③ 李寻、楚乔：《酒的中国地理：寻访佳酿生成的时空奥秘》，西安：西北大学出版社，2019 年。

关系的基本规律。这部专著最为重要的贡献在于通过开展酒文化地理的科学研究，对中国酒文化地理提出了很多独特的见解。徐兴海主编的《酒与酒文化》一书虽然是作为教材使用，但该书很多内容也是值得关注的，如酒与养生、酒与食、酒与社会、酒与礼仪、酒与语言文学、酒与艺术等，在一定意义上来说是跨学科研究的结合。

王启才对《吕氏春秋》中的酒文化与酒符号进行了较为深入的研究。他指出，酒是承载历史的一个文化符号。[①]《吕氏春秋》共 160 篇，与酒相关的有 29 篇，其中酒字出现了 34 次，酎字 1 次，对相关内容尚未见有专文探讨。

钟柳茂、云虹两人通过追溯酒的造字渊源，进而以此为学理基础进行了文化阐释。他们从三个问题入手进行了探讨：一是酒字的演变过程；二是词义上的酒；三是反映在酒字中的感情取向。结果表明，酒字在其形成的过程中，有两个阶段：一是从语义上的象形会意到语法上的抽象，二是从功能上由单独的表意向构成（词语）的语法化。酒字在这一进程中产生了丰富的词义类型，它可以用丰富多样的语言资源来表达与之相关的文化、礼仪，从而构成了一个酒字的巨大网络。作者认为，对中华酒类文化的继承与保护，并进行文化推广和商务推广具有重要意义。[②]

僧海霞在《唐宋时期敦煌药酒文化透视：基于药用酒状况的敦煌文书考察》中指出，中国药酒文化具有悠久的历史。敦煌有独特的地理位置，医药和葡萄酒文化在此十分流行。根据敦煌文献中的药酒配方，该文论述了敦煌文献中所记录的药酒名称、药理作用、药酒的使用、药酒的保存方法等。[③]赵晓华在《清代因灾禁酒制度的演变》一文中指出，清朝禁酒与赈灾有着密切的关系。康熙、雍正时期是因灾禁酒制度的第一个时期，乾隆时期对这一

---

① 王启才：《〈吕氏春秋〉中的酒文化与酒符号》，《安徽师范大学学报》（人文社会科学版），2021 年第 3 期。

② 钟柳茂、云虹：《"酒"字网络的文化阐释》，《四川理工学院学报》（社会科学版），2017 年第 1 期。

③ 僧海霞：《唐宋时期敦煌药酒文化透视：基于药用酒状况的敦煌文书考察》，《甘肃社会科学》，2009 年第 4 期。

制度进行多次改良，并在当时广为传播。晚清时期的税务体制不断变革，因灾禁酒制度在清代的抗灾防灾中发挥了重要作用，其形成、发展与演化等方面，反映和体现了不同时期的政治、经济、社会发展状况。①

韩雷、林海滨则对中西酒神进行了比较研究，他们认为，狄奥尼索斯是以一个强有力的神话系统为后盾的神话之神；中国酒神杜康是神化的历史人物，二者都是人类文化发展到一定程度的结果。由于二者产生于不同背景下，导致了其文化意蕴的不同：西方的酒神是对酒神文化特性的一种重视，而中国的酒神则是以酒文化为代表。②翁敏华聚焦于昆曲与酒，指出人类的戏剧活动自一开始就与酒结有不解之缘，中国戏剧里自古就有酒的影子。昆曲发展的文化环境充满了歌与酒两大元素，虎丘歌会便是两者的结合；昆曲的演出环境与酒宴关系密切，创作者多具有诗酒生涯；昆曲舞台上的酒人酒事，更是观众喜闻乐见的经典；除了醉态的观赏价值外，还有对酒神崇拜的信仰心理。③

最后，需要说明的是，有部分中国学者关注世界酒文化，这部分成果也是我们所不应忽视的。具体来说，初庆东在《近代早期英国的啤酒馆管制与治安法官的地方实践》中指出，当时为了加强对啤酒馆的管制，英国政府出台一系列法令，授权治安法官决断啤酒馆许可证的颁发与惩罚违法啤酒馆经营者和顾客。作者认为在啤酒馆管制问题上，以治安法官为代表的地方政府与中央政府达成共识，由此形成了中央与地方之间妥协与合作的国家治理模式，这为英国社会的稳定转型提供了条件。④

李鹏涛对英属非洲殖民地的禁酒政策进行了研究，他指出，饮酒是非洲社会传统的休闲娱乐方式之一。伴随着殖民时代经济与社会的变迁，人们喝酒的习惯已经发生了重大改变，在非洲城市中，已经逐渐形成了一种流行的

---

① 赵晓华：《清代因灾禁酒制度的演变》，《历史教学》，2013 年第 11 期。
② 韩雷、林海滨：《中西酒神比较研究》，《宁夏社会科学》，2010 年第 3 期。
③ 翁敏华：《昆曲与酒》，《戏剧艺术》，2005 年第 1 期。
④ 初庆东：《近代早期英国的啤酒馆管制与治安法官的地方实践》，《世界历史》，2020 年第 3 期。

文化。由于英国长期奉行非洲殖民地财政自给自足原则,各殖民地政府严重依赖酒类进口的关税收入。与此同时,英国殖民者认为非洲人喝酒会引发严重的社会问题,所以各个殖民地都制定了禁令,以控制非洲民众的酒精。英国殖民者对殖民地居民酒精的消费,一直保持着矛盾态度,充分反映出英国在非洲殖民统治中所面临的内在悖论。英属非洲殖民地政府的禁酒政策,非但未能有效遏制殖民地民众的酒类消费,反而激起非洲民众的持续反抗。到20世纪中叶以后,反禁酒斗争成为非洲民族主义力量争取大众支持的重要途径。① 张广翔从俄国一直面临着既要保证税收又要减少酗酒的艰巨任务这一问题入手,围绕1894年至1914年俄国酒销售垄断的初衷及效果进行了研究。他指出,在俄国财政预算中,酒类税收占很大比重,而俄国人的饮酒成瘾已成了一个严重的社会问题。俄国政府通过轮流使用国家垄断、包税制、消费税等方式来保障酒税的稳定,其中以酒垄断最为持久,因为它简单、效率高。尽管政府对酒类产品的征税环节较为重视,但这也是人们过度饮酒的原因。②

王晨辉就1830年英国《啤酒法》和葡萄酒流通管理体制的变化进行了分析,并提出《啤酒法》是由国会通过,在一定程度上可以减少地方法官的干涉,从而促进啤酒的自由流通。然而,该议案在实际执行中的作用并不理想,而啤酒的自由流通也直接导致了与饮酒有关的社会问题。19世纪末,社会问题不断加剧,自由主义思潮出现,国家干预的观念逐渐被大众所接受,同时,政府也对自由放任思想进行了调整,并在社会问题上进行了积极的干预,因而也加强了对酒类产品的法律管制。③ 向荣强调,16、17世纪,英国一个非常重要的问题就是啤酒问题。社会历史学家们把啤酒馆的问题归结于统治阶级对社会秩序的忧虑。作者从宗教改革,以及市场经济、资本主义兴起的影响入手,对这一问题作了进一步探讨,提出啤酒馆是英国从传统走向

---

① 李鹏涛:《英属非洲殖民地的禁酒政策》,《史学集刊》,2019年第4期。

② 张广翔:《1894—1914年俄国酒销售垄断的初衷及效果》,《世界历史》,2012年第1期。

③ 王晨辉:《英国1830年〈啤酒法〉与酒类流通管理制度的变迁》,《世界历史》,2017年第1期。

现代的一种思想与文化的转变^①。

诸如以上很多学者研究的专一学科，或交叉学科取得了很多有意趣、有价值的研究成果，还有一些学者在默默无闻地做着基础性工作，在酒类史料文献整理中作出了贡献。如宜宾学院的李修余对中国古代文化和中国酒文献进行了系统性的整理与研究，先后整理出版了《中国酒文献专书集成》《中国酒文献篇卷集成》和《中国古代酒诗文集成》，共900余万字，为中国传统酒文化的研究者提供了广阔的田野。

时光跌宕，诗酒相传。在近代酒文献的发掘与整理上，笔者使用在中国新闻史和社会史研究上都占有重要地位的《申报》为研究底本，在刊载的27000多篇文章、收录的300多万字的内容中，笔者本着对史料负责的态度，进行了详细甄别与审校，历时近3年，共整理出晚清与民国时期酒政与酒税、酒业社团、酒业经营、行业动态、酒与社会、时事评论等9个专题共计100余万字，这是研究酒文化历史的一个重要的专题文献。

总体而言，中国历史的研究是不能缺少"酒"的。正如徐兴海所说："酒渗透到世界各地人们生活的每一个角落，酒在每一个地方都在发酵，激发着人们的热情，推动着人们的生活。即如中国人生活的方方面面而言，酒无处不在，以至于有人说，没有了酒，简直不知道怎样叙述中国的历史。"^②

目前学界关于近代中国酒图像研究的成果甚少，基本是围绕酒文字文献的研究。现代中国的酒业发展和社会、文化的整体状况研究还有待于深入。在已有的文献中，关于中国古代的酒业和酒文化的研究明显多于近代。本书正是立足于这一视角，针对这些问题，采用历史学研究方法，综合研究与个案研究分析相结合，充分借鉴图像学、传播学等学科知识，在注重对酒图像资料的搜集、整理与研究基础上，力求对这一领域作一些补充。

---

① 向荣：《啤酒馆问题与近代早期英国文化和价值观念的冲突》，《世界历史》，2005年第5期。
② 徐兴海：《酒与酒文化》，北京：中国轻工业出版社，2018年，第3页。

三、研究思路与框架

正如有研究者所指出：在中国，酒从来都不是一种普通的饮品。酒业是国民经济的重要组成部分之一，酒在人们的日常饮食生活中扮演着举足轻重的角色，甚至在文化传承方面也有着重要的地位。[①] 而近代中国社会发展，以及中外交流的扩大、社会文化的变迁，更是推动了酒的地位提升，从而让酒更得以深入普通民众的日常生活。而在这之中，最为深刻的体现就是酒图像的普及和日益多元化。民国时期的多数酒图像在发展过程中受到了中国经济文化、国民欣赏习惯的影响，这也折射出当时色彩斑斓的文化史。

1. 研究思路

一是将酒图像作为大众文化的重要组成部分。民国时期，我国的各类图像正经历一次重大的变革。一方面，受资本主义发展的影响，从重农轻商到重商主义，商贾阶层参加文艺教育活动，在一定程度上影响着整个社会的文化变迁，传统的图像开始为大众服务。另一方面，西方艺术形式和媒介交流方式在中国的传播，直接催化了近代中国图像的大众化，并为其提供了诸多有效的传播途径，激发了酒图像的活跃。

对这一现象，吴雪杉曾指出："美术史的研究是以美术为中心的。当代艺术史的特别之处就是其所覆盖的时期，与本雅明称之为'机械复制'的时期大体上是一致的。通过对艺术品的复制而产生的新的艺术媒介（如照片、海报），不仅在一定程度上对美术的定义进行了改变，同时，也使'图像'成为一种流动的媒介，这就需要对美术史的书写进行新的探索。"[②] 在此，我们暂且忽略吴雪杉讨论的美术史与图像史研究之间的区别与联系，仅就吴雪杉的这段话，不难看出，他指出了机械复制时代下图像（吴文中指的是艺术品，在此，我们缩小范围，限定于图像）"复制"（也可以说是一种图像的生

---

① 郭旭：《中国近代酒业发展与社会文化变迁研究》，博士学位论文，江南大学，2015 年，第 252 页。
② 吴雪杉：《美术史，还是图像史？》，《美术观察》，2018 年第 9 期。

产）一经诞生，就极大地改变了图像流通的载体，产生了大量的图像，而这些图像又势必影响近代世人的日常生活，乃至国家与社会。这也是笔者对酒图像进行分析与研究的学理意义所在。

当然，在具体的研究过程中，也正如有学者指出："虽然在这其中存在一定的问题，但图像资料却不可忽略。因为在当时，图像的传播比书面材料要广泛得多，参加的人也更多，而且能够传递当时人们的想法和情感，为后世理解社会心理、政治、文化之间的关系提供了一把钥匙。布瓦耶·德尼姆是一位漫画收藏家，他早在两百多年前，就提出了一种'公共史'的观念。但如果把影像的内容或表现策略看作是一种趋势，那么，就会有一定的危险性，由于政治立场、情绪态度的不同，所选择的广告策略也会有很大的差别，而影像生产与市场的复杂环境、作家不同的创作方式和表现意图，都会使其呈现出复杂的视觉表现及其背后的动机。但图像与象征之间时而稳定，时而飘忽，表现出一种特殊的政治和意识形态之间的关系，这是传统政治与社会历史所不能触及的。这场图像战争，是艺术史和观念史上最具有戏剧性的一章，它不仅是思想上的胜利，也是思想上的巨大变革。"[1]

二是从图像史视角展开系列研究。学术研究的价值在于其具有历史和理论上的切入点。在本研究中，虽然侧重的是对酒图像资料的搜集与整理，但笔者也尽可能地利用图像史相关的理论进行一些尝试性的研究与阐释。

什么是图像史的研究方法与路径？在笔者看来，即以物质性表现为载体，不仅仅是绘画、雕塑、摄影等具体表现形式，图像的形象蕴含于语言之中，又不仅仅是词语、叙事或故事本身，图像的形象存在于人的认知或记忆之中，是思想的图像表达，其本质特征是相似性和相像性，并据此进入图像、视觉、感知、精神、词语等文本范畴，为诗与画等文本形式提供再现现实世界的精神依据。图像的形象往往依托这种精神性而与意识形态联系起来，这在古典肖像学中体现为偶像，在商品经济中体现为物恋。以马克思主义唯物

---

① 汤晓燕：《法国大革命图像史研究的兴起、趋势及存在的问题》，《史学理论研究》，2020年第4期。

史观来看，笔者研究的酒图像的形象就是一个从具体到抽象，再从抽象到具体的不断再生产的过程。

"从'偶像崇拜'到'偶像破坏'的历次宗教、社会、政治运动，再到索绪尔、维特根斯坦、乔姆斯基、潘诺夫斯基、贡布里希等语言学家和艺术史家的符号化、理论化和系统化，它不再是一扇通向世界文化的窗户，不再是一种独特的符号，而是一个历史中的演员，一种被赋予了传奇色彩的存在或角色，它和我们所说的演化的故事同时存在着，也就是我们自己'根据造物主的形象'被创造出来，并且根据自己的形象来创造自己和这个世界。"[①]所以，酒图像的意象逐渐从历史意义发生转变，甚至有一部分酒图像开始具有虚拟意义，成为文学批评、艺术史、神学、哲学等领域的一种表现形式。根据维特根斯坦的"相似、相像、类似"的特点，这种图像将会深入到视觉、感知、精神、语言等方面，并涉及心理学、物理学、生理学、神经学等领域。这也是笔者特别强调的跨学科研究的必要性。

"几乎在所有社会中，酒都是权力和地位的一种强有力的象征"。[②]故而，基于酒图像的研究具有较强的学术价值和现实意义。在理论层面：第一，本研究是酒的物质文化史研究的薄弱环节，因此，它的开展势必有助于拓宽近代中国酒的物质文化史研究，深化酒专题在图像史、新文化史的耕耘。第二，本研究搜集、整理了大量近代报刊、国内外数据库中有关酒图像的一手史料，这些史料的整理与出版，在客观上也将为酒的研究提供一定的基础，并有助于深化运用图像史料对酒的物质文化史的研究。第三，作为跨学科研究的尝试，本研究涉及历史学、图像史、广告史、女性史、经济史、传播学等领域，而这些交叉领域能激发新的研究热点。

在实践层面，本研究亦具有一定的现实意义。各个历史时期，尤其是近代以来诞生的中国酒图像，都是市场经济活动的产物，是各个酒类企业或商

---

① 陈永国：《形象的旅行：评 W.J.T. 米歇尔〈图像学：形象，文本，意识形态〉》，《文艺研究》，2021 年第 6 期。

② [加] 罗德·菲利普斯：《酒：一部文化史》，马百亮译，上海：格致出版社、上海人民出版社，2019 年，第 3 页。

家争夺市场的手段，也是当时社会民众关注和消费的产物，它们之间既有一定的共同性，也有一定的差异。对此，本研究一方面有利于通过大量图片资料廓清近代中国酒图像的演变与发展脉络，另一方面也有利于我们总结近代中国酒类企业广告宣传与营销、酒图像与近代中国社会生活之间的关系，最终为当下提供历史经验。可以毫不夸张地说，对酒的研究，未来是极为宽广的。

2. 研究框架

笔者结合近些年来对《申报》中酒文字文献的梳理，以及对近现代中国江淮酒业持续关注的基础上，本研究力求系统地梳理近代中国酒图像，推动近代中国酒文化的研究不断走向多学科交叉的方向，丰富我们认识近代中国的多元面向。具体来说，本研究的展开主要分为以下几个部分：

绪论部分，重点介绍酒图像的概念及学术史回顾，力求在全面、系统整理已有学术研究的基础上，为本研究框定研究路径，选定研究方向。

第一章主要研究近代视觉文化转型下的酒类图像的兴起，分为近代酒类图像广告的产生与兴起、近代酒类商标的发展与兴起、近代酒类图像的视觉文化意识的形成三部分展开。结合符号学、传播学相关理论，对近代中国酒类图像的生产、发展及其文化属性进行较为系统的论述，试图从学理意义上回答图像是如何与酒相遇并结合起来的。

第二章主要就艺术社会学视野下的近代酒类图像展开论述，分为画报中对物质的共同关注与读者意识、画报与酒类购买场所的图像风格认知、动态影像与消费大众的视觉现代性三部分展开。众所周知，酒作为一类商品，首要需求就是让人看见，唯有人在视觉上看见，才能推动酒的饮品价值的实现。所以，酒自诞生以来就一直在丰富与塑造着自身的"视觉符号"，尤其是在近代，视觉设计所符合的元素在何种情况下形成融合、新的视觉媒介如何影响大众认知等问题在这一时期达到了高峰，图像的丰富性也达到了近代中国历史上一个空前繁荣的阶段。因此，对这些问题的研究显然很有必要。

第三章主要研究近代中国酒类图像中的"新新世界"，从近代中国酒类图像中的新生活、新空间、新礼仪等内容展开论述。我们知道，近代中国总体趋势是由旧而新,"新"是酒业发展的绝对主题。围绕于此,本章重点结合近代中国社会出现的一些酒文化的新习俗及其在图像上的呈现,试图探讨其所折射出的"新新世界"。

第四章是对近代女性在中国酒类图像中的文化表达的研究,基于近代以来商业广告的一个独特分支即月份牌为考察对象,分为女性代言酒广告的发端、酒类广告中多姿多彩的女性、酒类月份牌中的倩影风华三部分展开。20世纪30年代以摩登女郎为主题的酒类月份牌广告创作并不关注女性的社会意义,它关注的是女性背后的酒类景观,是近代中国酒业折射在妇女形象上的各类图像。借助女性的形象,各类酒类企业生动地创出了自己的新特点、新优势,并推动了自身企业品牌与女性等社会文化的勾连。

第五章是对近代不同酒类在文化视野下的消费图景的研究,主要从洋酒广告的消费图景、国产酒类广告的消费图景、近代江淮地区酒消费图景观察三部分内容展开,试图勾勒不同酒类在消费图景中的文化表达,展现近代中国酒文化消费的多元化和多样化。本章指出酒作为一种商品,与近代报刊广告业有着必然的联系,得益于留存丰富的近代报刊,我们可以从中观察到酒文化与酒的消费图景。本章还指出区域文化与酒的消费图景有着极为密切的联系,从某种意义上来说,既是区域文化塑造了酒消费图景,也是酒消费图景塑造了区域文化,它们是相互影响、相互共存的。

第六章是对近代中国酒业、市场与大众文化图像的研究,从作为商品流通的酒与大众消费图像、作为大众养生文化的酒业消费图像、作为大众礼物馈赠图像中的酒三部分展开。在近代中国,大众文化的崛起是一个十分引人注目的现象,它已是多元文化格局中不可或缺的一部分。而酒作为商品经济的产物,它的崛起有其深刻的内在必然性。酒从诞生之日起,就与人们有着密不可分的联系。它已经渗透到人们的日常生活中,包括衣食住行、生老病死、婚丧嫁娶、岁时节庆、人际交往、生产交易等,也逐渐渗透到人们的喜怒哀乐、创意胆识等无形的情感中。最终,酒作为一种商品,成为日常生活中必不可少的物品。

第七章对近代酒类图像的大众传播特性进行深入阐述。涉及大众的消费心理、文化移入对酒类图像和对应选择的关联。各阶层、各人群对酒的认知，无论是主动融入还是被动接受，人们都在逐渐与世界接轨，并成为近代世界的一部分。

总之，本研究基本清晰地勾画了近代中国酒类图像的产生、类型、特点及其与近代社会生活之间的关系，多元地展示了酒的特质及其对人们社会生活的影响。从中，我们看到了近代中国酒类图像折射下的"新新世界"，看到了酒是如何汇入文化、融入近代国人日常生活的，也看到了酒背后丰富的社会文化史。

第一章 近代视觉文化转型下的酒类图像的兴起

近代企业的发展与广告、商标等商业元素息息相关，尤其当市场上商品的数量与种类繁多时，商人最大的挑战是如何把商品更多、更快地销售出去，而负责传递商品资讯的广告往往是商业竞争的关键。随着商品化程度的加深，商品广告的形式也愈来愈丰富。19世纪商业报刊创办以来，这种新式媒体更成为广告的重要平台，但直到20世纪30年代，论者仍经常把中国工商业的落后，归咎于商人对广告效力的无知。创办维罗广告社的王梓濂便直说："我国实业一蹶不振的情形……虽不外乎生产低落，出品幼稚，以及金融制度的不良，但缺乏广告学识，却是重大的原因。"[1] 钻研零售广告术的田斌说得更明白："处此20世纪商战时代，在泰西各国，无不恃广告为武具之一，诚以其号召引诱之功，致力于商场者，实非浅鲜。而吾国多数贾人，犹未了此，以短刃金矢，而与极精利之毛瑟射击，胜负谁属，不言而明。"[2] 这类批评在20世纪上半叶的上海，可谓不绝于耳。

不过，细究近代中国企业的经营便可发现，商人并非对广告全然陌生，亦不像某些论者所言，仅视之为"无谓的开支"。从广告社的相继出现可以看出市场需求的增加：根据历年《上海指南》的统计，1914年有5家广告社，1925年增至19家，1936年达25家。根据上海市广告同业公会的报告，1933年有会员43家，若加上未入同业公会者，上海可能有不下百数十家广告社。[3] 即便其中有许多只是广告掮客，业务量可能极不稳定，但这些数字

---

[1] 王梓濂：《中国广告业应有的趋向》，《广告与推销》，1935年第1期。

[2] 田斌：《零售广告术之研究》，《上海总商会月报》，1927年第4期。

[3] 潘公弼：《一年来之广告事业》，《时事大观（上册）》，上海：时事新报馆，1934年，第267—279页。

仍呈现一个相当蓬勃而有竞争力的广告业市场。换个角度说，广告已是近代企业经营的重要一环，值得投入资金与人力。

中国有关于酒类的广告并不是从现代开始的。《韩非子·外储说右上》中有此记载："宋人嗜酒如命，对宾客敬而远之，以美酒为荣，高举旗帜。"韩非子把酒赋予了阐明自己心意的功能，透过这寥寥数语，我们可以看出当时饭店讲究服务态度，注重酒的品质与分量，而且以高高挂起的旗号吸引客人的注意力。

第一节　近代酒类图像广告的产生与兴起

广告要有效力，必须长期刊登，予以读者不断地刺激。长期刊登广告对于商家来说，是一笔不小的开销，因此，会在报纸上刊登广告者，多半是规模较大的企业。所以，各种营销手段在白酒行业的应用越来越广泛。最主要的一点，就是现代酒品产业的不断进步与发展。现代酒类广告按其表现形式可以划分为酒商广告与酒品广告。这仅仅是一种粗略的划分，经营者的广告也大多与他们所经营的酒品相关，而酒品的广告往往也会涉及经营者。

一、酒楼（店）的商业宣传

以酒业来说，19 世纪下半叶在《申报》刊登广告者，如鸿运楼、三盛楼、新新楼、复兴园、泰和馆、更上楼、老益庆楼、醉月楼、鸿福楼、富贵楼、聚兴楼、天芳茶楼等，不少是时人给予较高评价的著名酒馆和制酒厂家。像新新楼和复兴园被称为金陵馆之翘楚，鸿运楼乃宁波馆中的佼佼者，泰和馆则"菜兼南北，坐拥婵娟，特为繁盛"[①]。鸿运楼于 1875 年整修门面，定于

---

① 葛元煦：《沪游杂记》，上海：上海古籍出版社，1989 年，第 30 页。

当年 12 月 1 日重新开幕，并自 11 月 24 日起，在《申报》上连续刊登广告达两周。以日本各式茶糕、酒水为号召的三盛楼亦十分重视广告，1879 年底开张时，连续在《申报》刊登 18 天的广告[①]，嗣后于 1880 年 9 月至 1881 年 9 月，每周六在《申报》刊登广告，共 50 次。三盛楼原设于苏州河边一座洋房内，1882 年于原址重建层楼。为吸引客人，特于重新开幕后，每两天在《申报》刊登广告一次[②]。1872 年《申报》发行之初，广告费率为 50 字以内第一天取资 250 文，2 至 7 日以内 150 文，每加 10 字加 50 文，一周以上者照第一天之半价计算[③]。以此衡之，三盛楼的广告开支，不可谓不大。当然，像三盛楼这样长期做广告的酒菜馆并不多见，不过，这个例子也正说明，报纸广告费对于酒菜馆经营而言是一项不小的成本，非一般小酒菜馆所能负担。此外，不少酒菜馆广告强调能包办满汉全席，这也可以推知，早期会在《申报》刊登广告的业者，大体上都有相当规模。

值得注意的是，酒菜馆的广告以文字叙述为表达讯息的方式，图像用得较少，只有少数洋行的广告会配上产品图案。如图 1—1 的广告版面上，仅出现西医牙科的齿模及申报馆的印刷机两帧图案，其余皆为文字。而酒馆酒厂类的广告，主要是通篇文字。

---

① 开幕广告刊于 1879 年 12 月 25 日至 1880 年 1 月 11 日。
② 1882 年 12 月 10 日至 1883 年 1 月 7 日，每两天刊登 1 次。
③ 《本馆告白》，《申报》，1872 年 6 月 28 日，第 1 版。

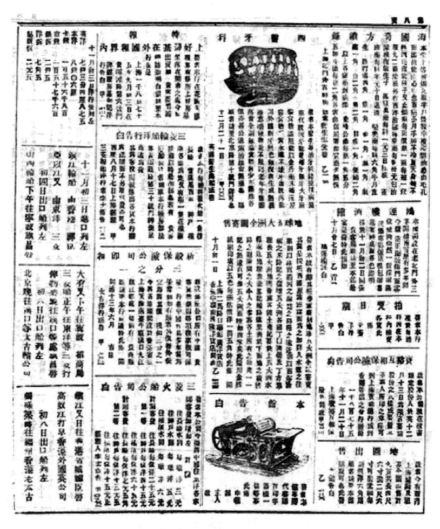

图1—1　早期《申报》广告版面[①]

　　比如上海南京路的易安居，生意很好，很多西方人都去过。在各大杂志上大肆宣传，称其制作的冰激凌质量好，价格低廉。大量的威士忌、香槟、薄荷酒、白兰地被运到易安居售卖，也都是以较为便宜的价格出售的。安乐园的广告是一张文字，上面写着：《孙文学说》有云：'……美国纽约一城，

─────────
① 《申报》，1875年12月20日，第8版。

中国菜馆多至数百家。凡美国城市，几无一无中国菜馆。美人之嗜中国菜者，举国若狂。'是对我国肴馔之美誉，早轰著于世界矣。但中国菜之能得世界同嗜者，实首推广州。遍设于欧美之菜馆，皆为广州菜馆……俾本酒家营业得于百尺竿头，再进一步，为国菜发扬光大，即为国粹图保存，诸君子之功莫大焉。至本酒家烹调得宜，陈设精美，招呼周到，种种特点，社会自有公评，无俟赘及，辱荷宠顾，无任欢迎。"[1] 该公司的经营范围、营业时间和地点均以附告的方式予以说明。文末为《安乐园店掌柜陈秋谨启》，与晚清以后的文字广告格式相吻合。在广告的边框上，有一个标题是"食"，占据了一半的版面。它最大的特征是：引用伟人的名言作为支持，大力宣传国货。同一杂志第 2 卷第 1 版的广告，四角加上了"广州食风"四个大字，酒家的广州风味更加凸显。

图1—2　早期报纸上的酒馆、酒厂广告 [2]

① 《安乐园酒家广告》，《申报》，1927 年 3 月 13 日，第 4 版。
② 《岐丰玉酒广告》，《广州民国日报》，1923 年 3 月 6 日，第 7 版。

这可能有几方面的因素，其一，可能最初的报馆主政者皆习惯以文字表达与沟通所有的讯息，包括新闻与广告。当时广告刊例以字数而非版面大小计价，也说明广告以文字为重。其二，与报纸印刷的设备与技术有关。19世纪中叶，西方将铅活字技术输入中国，大大提升了印刷的速度、数量及品质，申报馆算是较早运用这一技术的出版业者。由于文字形状的稳定性，活字版可以不断重复使用。相较之下，图案则变化多端，且有极强的针对性，这意味着图案广告需特别订制图版，因而成本大为增加。直到石版、铜锌版印刷技术普及后，图片印制成本降低；而铜锌版与铅活字可以拼接在同一块版上，大大增加了图文印刷的灵活度，这才使报纸版面可以有较多的变化。从这一点来看，早期酒菜馆的文字广告居多，与报馆印刷技术及业主的广告预算，不无关系。此外，文字广告也反映了报纸读者的阅读习惯。尽管图案有较强烈的视觉效果，可以在一片密密麻麻的文字中跳脱出来，成为吸引目光的焦点，但文字仍然被认为能清楚地传达较多的讯息。巫仁恕指出，明清江南的商品广告以文字为主流，反映了较高的城市识字率以及士大夫消费阶级的品位。在一定程度上，背景类似的《申报》读者可能也有类似的偏好 [1]。

到了 20 世纪，随着城市人口的增加、消费需求的扩张，酒菜业蓬勃发展，餐馆数量增多、酒水种类增加，菜色种类也丰富多元，几乎各省菜肴、酒水都可以在像上海、北京、南京这样的大城市中吃到。1933 年中华书局印行的《上海市指南》介绍了 136 家饭馆和酒类品牌 [2]，但当年度在颇受欢迎的《社会日报》上刊登广告的业者仅 13 家。1929 年到 1939 年间，《社会日报》共刊登 6 万多则广告，酒馆、酒类有 2354 则，仅占 4%。虽然这些统计数字并不完全，但仍显示出酒类的广告量不多，这与多数酒菜馆、酒厂规模不大、无力或不愿投入过多的广告成本有关。

但这并不能完全说明酒馆和酒厂无意打广告，洋酒、西菜馆纷至沓来，

---

① 事实上，19 世纪的仿单广告与后来的报纸广告，在内容与形制上颇有类似之处，也说明了这两种广告读者有一定的重叠性。

② 沈伯经、陈怀圃，《上海市指南》，北京：中华书局，1933 年，第 125—138 页。

中国商人自然心焦如焚，其中，有实力者也开始花心思在广告上。广告历史学者陈培爱曾指出："外国商人在运用多种广告方式，大量地推销进口产品的同时，还带来了报纸、杂志、路牌、霓虹灯、橱窗展示等新的广告形式。有些民族商人，原先对广告不太重视，但在外国商行的影响下，也开始模仿新的广告媒体。现代广告业也因此而发展起来，广告的形式越来越多，广告的覆盖面越来越广，广告的手法也越来越娴熟"。[1]

二、在华报刊中酒类的出现

19 世纪末至 20 世纪初，中国社会正面临巨大的转型，这其中也包括传播技术与阅读方式、阅读喜好的转型。当时的中国虽然已经有了现代的传播媒介，但是在西方人认为中国人识字率极低的预设下，若想透过报纸或是海报来宣传商品，并达到最佳效果，最好是多放图像而少用文字。在这一方面，执行得较好的恰恰就是酒类企业和厂商，以及一些大型酒馆。

在《良友》画报的插图当中，昆仑酿酒公司就以"推广本土产品，打败外国品牌"为口号，推出了英雄牌三星白兰地、五星白兰地、白葡萄酒、红酒、大红葡萄酒，并在各大商行、饭店销售，总店设在上海四川大桥下，生产工厂设在江苏无锡通运桥[2]。《商业杂志》刊登了一则昆仑酿酒公司的广告，占据整个版面，中间是一个巨大的五星英雄白兰地酒瓶。右上角写着"英雄牌"三个字，右边写着中国昆仑公司的名酒，后面写着"国货"两个大字。左上方是三星英雄白兰地、五星英雄白兰地、英雄牌红砵酒、英雄牌白葡萄酒、英雄牌红葡萄酒；左下方是商行的地址和厂址，上面写着：各大商行都有销售，上海四川路一四一号，江苏无锡通运桥。民国时期《昆仑酿酒公司广告》在"介绍"一栏中描述道："中国昆仑公司酿造的葡萄酒，上海四川路一四一号的葡萄酒，畅销海内外，久负盛名。三星英雄白兰地、五星英雄

---

① 陈培爱：《中外广告史教程》，北京：中央广播电视大学出版社，2007 年，第 26 页。
② 《昆仑酿酒公司广告》，《良友》，1926 年第 2 期。

32

白兰地、英雄牌红葡萄酒、英雄牌白葡萄酒、英雄牌红砵酒,都是其中佼佼者。口感纯净,喝起来更是健康,是国内最好的美酒。"从民国时期的标志设计中,我们可以看到,大多数的标志都加入了一些标注性的文字或者简单的图形(图1—3)。这种以图像为主要内容的视觉信息传播方式,从清末开始就为广大人民所接受,并逐步让人们养成一种阅读图像的行为习惯。

图1—3 昆仑酿酒厂生产的英雄牌国产美酒酒标 [①]

在我国,出现了大量的啤酒和外国葡萄酒的广告。上海啤酒的广告右上角写着"请饮上海啤酒",下面写有:本厂开设上海戈登路十有余年,制造UB牌啤酒。气味清香,有益卫生,久为中外绅商所嘉许,有口皆碑。如蒙惠顾,不胜欢迎之至。总经理周乾康上海十六铺宁绍公司。[②]有的广告有英文,可见其目标客户和广告观众是华洋毕集(图1—4)。

---

① 《昆仑酿酒公司广告》,《良友》,1926年第2期。
② 《上海啤酒广告》,《商旅友报》,1925年第14期。

图 1—4　上海啤酒广告^①

　　1925 年，三星马爹利的一则广告图片：左边是一个酒瓶，右边是一个方框，上面写着：世界最著名之麦退而三星白兰地酒，须认明英文庶免他误。L & F. MARTELL。下面是一条广告语，谨启者：本行经理之麦退而三星白兰地酒，系法国最著名之厂所出。该厂开设已二百余年，拣选上等药料，聘请高级技师精制而成。运销全球各国，素负盛名。凡用过此酒者，莫不赞赏。该酒不惟性醇味美。常饮之可祛一切意外之病，于夏令寒暑不当时用之便宜。且曾经名医化验，证明有医治疾病之奇效。种种裨益，一笔难尽，一试之后，当信所言非谬也。如蒙赐顾，请向上海外虹桥北堍顺兴号棋盘街广同昌，或

临江西路四十八号，或向本埠外埠各洋酒食物号，均可购得。畅销全球几百年的马爹利，在中国的代理商们面前，就像是一剂万能的灵丹妙药。

上海巴德酒的广告中，"巴德酒"在画面中凸显，并强调了其口感醇香，是馈赠佳品。左下方有一啤酒瓶，上面印有"UB"，说明这是上海啤酒公司的商品。广告海报中，一名中年男子带着仆人，像是在看望老朋友。二人相谈甚欢，仆人端着一个托盘，上面写着"UB"。UB（又名"友牌"），是上海啤酒在本市的一个昵称。整个广告强调巴德葡萄酒是一种礼物。怡和啤酒则采取了不同的广告策略。该啤酒品牌在广告中体现了休闲饮料的价值。广告画面温暖的色调，令人赏心悦目，即使隔了几十年，再次看到这则广告，也会被深深吸引。广告图片上是一个穿着时尚的女人，手里拿着一个杯子。杯子里装满了啤酒，杯中的泡沫像是在告诉我们怡和啤酒有着持久的气泡。在她的左手边，摆放着一瓶啤酒。她直直地看着前面，脸上挂着笑容，像是在看着广告的读者，邀请他们一起喝一杯。图片加上了"质量上等，品味醇厚，促进食欲，增长肌肉，日常饮之，容光焕发"之类的话，确实具有一定的广告作用。

国内的啤酒广告与洋商的广告相比，就显得黯然失色了。一张烟台啤酒的广告（图1—5），上面显示的是一家人聚餐喝酒的场面，毫无疑问，他们所饮的酒一定是烟台啤酒。图中有两张桌子，一张桌子上有四个人，两个人坐着，两个人站着。站着的两个人，有一个人拿着杯子，另一个人拿着瓶子，里面装的是烟台啤酒。但瓶子却没有显示出这一点，这是广告的盲点。另一张桌子上，一人回头看了一眼，似乎被隔壁桌的气氛感染了。左边是"烟台啤酒"，下面的信息显示了上海同孚路和义成公司总经理，图上还有"三五知己，举杯共觞"的广告词[①]。整个广告画面要表达的是朋友聚会喝酒的美妙情景，这是一种以情感诉求为主的广告。在一张青岛啤酒的广告中，右边是一幅山水画。图中清泉从山上涌出，流经一条小溪，就像是一条瀑布。仿佛能听到潺潺的流水声，清澈如镜。一道身影站在瀑布下，看着这美丽的景色。

---

① 《烟台啤酒广告》，《礼拜六》，1932年第461期。

它的宣传语是："崂山泉水酿造，滴滴清芬，酒味醇厚，营养丰富，滋补身心。原系德国啤酒，远东首创，享誉独早，国人经营，精益求精。"在左边的下半部分，有一个酒瓶形状的酒杯，上面写着"青岛啤酒"四个大字和标志[①]。这条广告同《礼拜六》上的烟台啤酒广告有着异曲同工之妙，但是二者的时间间隔却长达15年。与烟台啤酒的情感诉求相比，青岛啤酒更具理性，它将青岛啤酒的酿造优势和优质质量传递给消费者。

图1—5　烟台啤酒广告[②]

这一时期也出现了一系列的广告，例如方壶、酒庐等，其设计与表现的内容都是前后相呼应的。《上海生活》在1939年8月17日出版的第三卷第

---

① 《青岛啤酒广告》，《礼拜六》，1947年第794期。
② 《烟台啤酒广告》，《礼拜六》，1932年第461期。

八版广告中，一位侍女手持一只方型酒壶，壶身印有"正号商标"。它的内容是"正号每瓶一元二角，太号每瓶七角。质醇味厚，芬芳悦口，欢宴高朋，称心满意。南香粉弄六十六号，电话九五四八六。"在次月的第九版里，两个男人站在桌子旁边，一人拿着一个方形的杯子给另外一个人倒酒，另外一人用两个杯子来喝。二人的关系，十分亲密。图中还标有"质醇味厚，芬芳悦口，欢宴高朋，称心满意"，此时价钱发生了变化，正号一元四角一瓶，太号八角一瓶，比上个月的正号上涨两角，太号上涨一角。到11月的时候，正号的售价是一元八角一瓶，而太号一元一瓶。在1940年2月17日出版的第四卷第二版中，广告的图案与内容都发生了改变。画面变成了一张四人的桌子，桌子上摆满了菜肴，男主人手中端着一个酒壶，众人端着酒杯，喝着酒。尽管图像不是很清晰，但是一家人其乐融融的氛围从纸上流露出来。它的广告语是："阖家团聚，天伦之乐，美酒助兴，更觉怡然。"从广告的内容来看，这个时候的价格还没有改变，正号和太号分别是一元八角和一元。到1940年12月，正号三元六角一瓶，太号二元一瓶，酒的价格就涨了一倍。在1941年12月22日出版的第五卷第十二版的广告里，这个人物变成了一个慈眉善目的老人，戴着一副眼镜，满脸的络腮胡子，正拿着一个酒壶，打量着里面的酒水。下面的广告语是："一杯在手，心神怡快；老当益壮，樽酒不空。"正号八元六角一瓶，太号五元一瓶。[①]

　　从广告的表现和内容上看，这套广告从一开始就是在不断地变换着，从侍女上酒，到两个人喝酒，到一家人团聚、老人祥和，都营造出一种融洽的气氛。其次，就是信息的价值。从1939年8月17日的广告中可以看出，一瓶正号一元二角，太号七角。到了第二个月，它的价格已经上升到了一元四角和八角。到了11月，一瓶正号一元八角，太号一元。到1940年末，一瓶正号三元六角，一瓶太号二元。一年内，价钱翻了一倍。到了1941年末，一瓶正号的价格已经上升到八元六角，而太号上涨到五元。又一年的时间，它的价格又翻了一倍。白酒的价格逐步上升，主要是因为白酒的生产和供给

---

① 《方壶酒庐广告》，《上海生活》，1939年第8期。

受到限制。

北京双合盛与烟台醴泉啤酒，是中国现代啤酒的代表。"国货"形象一直萦绕在其广告中。如烟台醴泉公司的三光啤酒广告（图1—6），称其为"国货老牌"。它的广告语是："制造年有改进，故能质味醇美，迥异常品。上海三角地小菜场瑞昌号总经理，南京路福和公、三洋泾桥福兴号等均有发售。"① 无论是葡萄酒还是啤酒，"国货"已经成了国内酒业发展的一个基本诉求（图1—7、图1—8）。

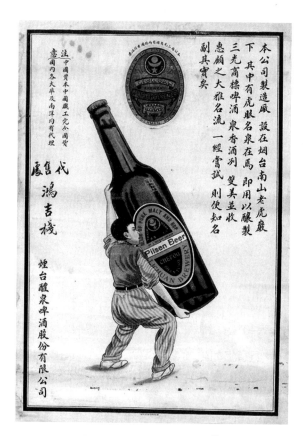

图1—6 三光啤酒广告②

① 《三光啤酒广告》，《礼拜六》，1932年第461期。
② 《三光啤酒广告》，《礼拜六》，1932年第461期。

图1—7　烟台醴泉啤酒广告[①]

图1—8　五星啤酒广告[②]

① 《烟台醴泉啤酒广告》，《中国青岛报》，1929年2月18日，第8版。
② 《五星啤酒广告》，《申报》，1930年4月16日，第8版。

第二节　近代酒类商标的发展与兴起

随着近代酒业的发展，酒类推销方式出现了一些新的变化。除广告外，参加展览会、在酒类包装上贴上酒票、酒店招牌等，都是宣传和推广酒类的手段，酒票也起到了防伪的作用，而商标则是一种通过法律手段来维护自己合法权益的新方法。比如，在清光绪时期，苏州酿酒公司的吴章钜，就曾经向商会提出过警告，要禁止假冒的烧酒。[①] 因此，酒类产品注册商标，也逐渐成为近代酒类品牌保护的一项重要内容。

我国的商标制度是从清末开始实行的，民国时期有较快发展。主要体现在三个方面，其中包括：保护商标所有者的商标专用权、商标纠纷的裁判、商标侵权的惩罚等。中国尽管存在"字号"等概念，但缺乏相关的法律保护。1904 年，清政府制定了《商标注册试办章程》，它是中国实施商标保护的第一步，具有重大意义。1923 年，北洋政府颁布了《商标法》，其中对与商标有关的问题进行了详尽的规定，同时，采用了"使用在先"与"注册在先"的双重制度。

1929 年 6 月以前，恒顺源记"金山牌"、康成源记"星象牌"、双合盛汽水厂的"五星牌"、超群酒厂的"晨钟牌"、惠泉汽水厂的"无敌牌"等酒类商标都开始重新注册等级[②]。到年底，又有天津裕庆永酒庄"金狮牌"、张裕酿酒公司"金叶双狮牌"、烟台啤酒公司"双头鸟牌"、胶东醴泉啤酒工厂"日月星三光牌"等酒类商标重新登记注册[③]。

---

① 章开沅等：《苏州商会档案丛编：第一辑（1905—1911）》，武汉：华中师范大学出版社，1991 年，第 409 页。
② 《国货商标汇刊》（南京），1929 年 6 月第 1 期。
③ 《国货商标汇刊》（南京），1929 年 12 月第 2 期。

一、啤酒的特征标识

20 世纪 30 年代初期，烟台啤酒公司"双头鸟牌"啤酒开始销售，门店最初位置在上海静安路，销售策略是免费喝酒并带有奖励激励，通过该方式来展开活动，从而引起人们的关注。为调动市民朋友的参与感，活动位置选定在公园中，通过活动的展开，进行啤酒的推广和宣传。该公司选择比较新颖有趣的游戏方式，将酒瓶置于隐蔽的位置，集齐 12 瓶即可夺得最终的奖励。这种方式增进了人们对该品牌的了解，在此区域范围中，完成品牌的宣传推广工作。醴泉啤酒的发展比较稳定，并且受到了华裔的喜爱。在泰国，陈华公司进行了酒的营销。在酿酒上，王益斋和朱梅等人进行了探讨，并针对出现的问题进行研究和分析，找出解决的措施，确保酿酒的效果和酒的质量。在创始阶段，他们采用的是"三光牌"商标。1930年，使用的是"双头鸟牌""斧头牌"等，酒并未改变，只是标志上的调整。上海、济南销售相对来说比较快的分别是"双头鸟牌""三光牌"，由于商标图案和色彩不一样，影响了销售的结果。1932 年后，"斧头牌"等啤酒出口到国外。[①]

1948 年，"青岛啤酒"注册了商标，主要标志为小青岛白色灯塔，该商标注册证也是我国早期规整的商标注册证（如图 1—9）。

---

① 山东省政协文史资料委员会，《山东文史集粹·工商经济卷》，济南：山东人民出版社，1993 年，第 105—107 页。

图 1—9　青岛啤酒商标注册证 [①]

　　青岛啤酒商标中，左上方椭圆形内是小青岛灯塔，该灯塔位于西部栈桥风景区，是青岛市的标志性建筑。在其周边，还添加了树木和房屋等，使用我国传统版画来进行创作，在字体的选择上，使用了繁体字，着重凸显出TSINGTAO，此外，还用了威氏拼音法的拼音方案。由此可以看出，图形、汉字和字母是商标中的基本元素。青岛有浓厚的传统特色，城市居民的主要工作为打鱼，这也成为商标设计的主要参考因素，选择灯塔来进行展示，以此来发挥其守护作用。

　　民国时期就已经有了啤酒标志，且种类较多。其特点分成两个部分来进行标志的包装，一是形成了"卍"字标，二是使用注册的标志。民国时期青岛啤酒标志（图 1—10）主色调采用青、白、红三种颜色来构成。

---

①《青岛啤酒志》，青岛啤酒厂内部资料，1983 年，第 5 页。

图 1—10 民国时期青岛啤酒标志 [①]

民国时期，青岛啤酒厂在国有化发展后，进行商标设计时会结合"TSINGTAO BEER"来展开。在此基础上，对小青岛灯塔标志也进行了完善。主体仍为白色灯塔，但使用了简明扼要的表达方式，用简洁的图形来表示灯塔等元素，山丘的半圆形、海水的波浪线条、商标的原型等，全部进行了规划设计。

1948 年，接管厂区的齐鲁企业股份有限公司采用黑啤商标。公司在生产和销售啤酒方面，已经有了充足的经验。由于产品精致优良，销售后获得了人们的认可，形成了良好的企业形象，从而激发了各行各业对啤酒的需求。在黑啤销售上，该公司加强了对包装的重视，对其进行了研究，并在此基础上征集新的黑啤标志图案。详细的要求为：样式上，拟定是彩色椭圆形，要求是艳丽新奇，可以良好地与黑色、咖啡色进行结合。[②]征集活动完成后，最终商标标志是椭圆形酒标，底色是红黑色，青岛灯塔顶部是金色，当中英文为 TSINGTAO DARK BEER，底部是红色、蓝色繁体字，内容为"青岛黑啤酒"。其周边还添加了金属边缘，并绘制了麦穗的三维图案。在酒标上，

---

① 《青岛啤酒志》，青岛啤酒厂内部资料，1983 年，第 8 页。

② 《青岛啤酒志》，青岛啤酒厂内部资料，1983 年，第 12 页。

还出现了另外一种，是将青岛灯塔标志颜色进行了更改，变成了红色、黑色、黄色结合，字体位置有小幅度变化，其他位置不变。该设计是符合征集标准的，颜色上也比较一致，整体很协调（图1—11）。

图1—11　民国时期青岛黑啤酒标与包装 [①]

二、中国传统白酒的特征标识

不单是青岛啤酒，这一时期山西地区一些传统白酒品牌对于商标也尤为重视。例如，1915年，山西汾酒成了全球品牌，原因是在巴拿马举办的博览会上获得了最高奖项奖章。当时使用的酒标（图1—12），也成了民国时期商标的参考形式。商标标明了"义泉泳，铺在汾阳东北乡尽善村卢家街，坐北向南，门面五间，内有仙井灵泉古迹，自造烧酒发行，兼配玫瑰、佛手、状元红、碧醁、竹叶青等酒。凡官商赐顾者须认明申明亭为记"。

---

① 《青岛啤酒志》，青岛啤酒厂内部资料，1983年，第13页。

图 1—12　汾酒早期的酒标与瓶装[①]

　　1918 年，"义泉泳"对标志进行了修改，商标中有"泉甘酒洌无二处，味重西凉第一家"对联。商标正文展示了杏花村传统故事，并着重添加了一些其他内容，譬如"方今邻栈火车转运便捷，惟冀巨商朋客来函远订"。当时"义泉泳"酒是十分畅销的，销售数量多，已经开始通过火车进行运送[②]。

　　1924 年 8 月 15 日，晋裕汾酒公司经理杨得龄关注到商标注册发展，快速进行白酒商标注册。商标图案包含 23 颗饱满的高粱粒与一个高粱穗，印有巴拿马太平洋万国博览会奖章等图案，还标注了"总酿造厂山西汾阳县杏花村义泉泳记""总发行所山西太原市桥头街晋裕公司启"等内容，角落标有"环球驰名"，并有文字基本阐释[③]。在其最下面，印有"销售热线：电话

----

① 王文清：《汾酒史话》，北京：中华书局，2015 年，第 12 页。
② 王文清：《汾酒史话》，北京：中华书局，2015 年，第 13 页。
③ 酒标说明为："此杏花村汾酒前在美洲巴拿马万国博览会经世界化学、医学名家确实化验，共称品质纯粹，香味郁馥，酒精虽多，确于卫生有益。本公司为保持名誉、便利顾客起见，特设总发行所于山西省城，凡大雅客商须认明本公司高粱穗商标，惠顾是荷。"

二百七十一号"，酒类名称为中英文对照书写（图 1—13）。

图 1—13 高粱穗酒标 [①]

这枚商标内容呈现出多样化的特点，其一是反映了该酒的质量，当时汾酒获得了国际博览会的最高奖项，可以看出该酒在众白酒中的地位。其二是此商标有广告功能，文字的标注带有一定的销售性，并添加了具体电话。其三是通过此商标还可了解公司的主要架构，酒的生产选址在山西汾阳，而售卖在山西太原。其四是从商标图文中可以看出，当时酒类商品向消费者传递的科学与保健的意识。

1924 年，北洋政府农商部批准晋裕公司的商标注册证，使用期限为 20年。1927 年，相关部门将已经注册的商标进行管理，同时，也颁发了新的商标注册证。受此影响，晋裕公司的高粱穗酒标成为首个注册备案的商标，

---

① 王文清：《汾酒史话》，北京：中华书局，2015 年，第 16 页。

还因此获得了第一号商标注册证。将 1924 年和 1927 年的高粱穗酒标进行比较（图 1—14），其整体组成都是高粱穗、奖章、图案等内容，稍微不同之处是颜色，主标边框的颜色一是红色、一是绿色，副标则一是蓝色、一是黑色[①]。主标的标识可以分成两个部分，上面重点表现了商标图案和获得的荣誉，并对其商品类型进行了展示。下面重点显示了商标权归属"晋裕公司"，还有酒的质量和酿造地点等内容。副标包含两个部分，分别是产品主题与产品标注，介绍了产地与制造商。

图 1—14　1924 年高粱穗酒标与 1927 年高粱穗酒标对比[②]

商标内容，其重点主要聚集在标志上面。在图案的绘制上，包含有五穗饱满的高粱、23 颗红高粱和一株高粱枝叶，其蕴含的意义为晋裕酒乃纯高粱酿造之酒。五穗高粱有五谷丰登、五子登科的韵味。在图案上，

①　王文清：《汾酒史话》，北京：中华书局，2015 年，第 17 页。
②　王文清：《汾酒史话》，北京：中华书局，2015 年，第 18 页。

其在四周采用中英文方式印制了"注册商标 TRADE MARK"，在商标下面，印制了"汾酒 FEN WINE"，以此来表明其为出口品牌。通过此标注，可以看出公司的发展方向和发展前景。汾酒字体，选用的是隶书，撰写人为田润霖。在商标的左下位置，印制了山西展览会最优等奖章，并对奖励内容进行了基本阐释。商标右下位置是巴拿马博览会最高奖项奖章，并对得奖内容进行了简单介绍，这是公司获得的最高奖项，代表着公司的最高荣誉。

晋裕公司在 20 世纪二三十年代，加快了公司的发展速度，扩大了公司的规模。公司整体收入显著增加，获得了人们的关注和认可，并且在当时激发了国货的购买风潮。受此方面影响，公司结合当时的市场环境，对商标进行了设计规划，从而形成了第二款标志，在品质、电话的旁边添加了"提倡国货、挽回利权"的宣传语。第二款高粱穗酒标（图 1—15）包含的内容有高粱穗、奖章、公司名、背景、酒品名等。高粱穗酒标图案与 20 世纪 20 年代的图案一样，在中英文上也未进行改动和调整，因此，在注册证内容上没有任何变动。其他方面，首先是对公司名称进行了调整，变成了晋裕公司，在其旁边添加了解释的文字，文字内容为中国山西特产，以此来表明商品的生产地为山西省；品名"杏花村"，添加了具体名称，以此来展现商品久远的历史文化内容。此外，还设计了卡通人物，左、右边分别是燕尾西装戴高筒礼帽的洋人、中式长袍绾汉式发髻的华人。颜色选择红色，背景为高粱穗和高粱地，商标上方为晋裕公司 1915 年至 1929 年获得的奖章。

图 1—15　第二款高粱穗酒标 [①]

正如前文所述，民国时期像青岛啤酒、烟台啤酒这些大型国货酒品尚有注册商标、精心设计之心，但笔者在查阅《商标公报》，并结合搜集到的资料内容，得知国外在酒类商品上更为关注商标登记注册。出现该情况的主要原因是国外酒类的品牌意识起源时间较早，并且比较注重该方面的保护。我国销售的国外酒类品牌，多数是著名品牌，而我国自己生产的酒类品牌，受到产制方式等方面影响，难以获得较强的关注度，由此也无法产生极大的影响力。国产酒类品牌由于产权意识的缺乏，并没有进行商标登记注册，从而无法对商标进行保护。沈关生在《商标法浅谈》中提出："根据曾任美国驻华大使阿曼的数据，在 1904 年至 1923 年，天津、上海地区，商标总数为 25900 枚，均为外商申请。" [②] 然而，国外商标的法制理念和设计内容均对我国商标发展产生了影响。

---

① 王文清：《汾酒史话》，北京：中华书局，2015 年，第 25 页。

② 沈关生：《商标法浅谈》，北京：法律出版社，1983 年，第 6 页。

第三节　近代酒类图像的视觉文化意识的形成

我国社会的近现代化转型速度快，同时，也带动了商业美术的发展和建设。在当时的发展环境和趋势下，图像的发展也在随之变化，并为后续商标与广告的近现代发展提供了保障。

一、中日的交流传播

商品宣传的概念不仅存在于西方各国，在日本早已存在"商品海报式"的宣传观念。物品的宣传，也是在商业兴起后逐渐发展出来的。如日文"ポスター"是外来语，是由英文"poster"而来，它的意思就是指张贴在柱子上的布告，而布告上载有需要告知民众的事项，"ポスト"（post）就是张贴布告的柱子。而在"ポスター"这一名词传入日本之前，从江户时代开始，在商业宣传上，就有一种称为"ビラ"的东西，其实就是商品海报的意思。"ビラ"多是采用木版印刷，直到进入明治时代（1868—1912），石版印刷技术传入日本后，因其成本低、效率高，逐渐取代木版印刷。明治三十二年（1899），日本新桥车站内真人大小的广告看板上绘有两位身着和服的女性，是三井吴服店（三越吴服店的前身）为了推销商品，特地请画家岛崎柳坞描绘的，当时的人看到这么大的画作，都感到非常震惊，称之为"绘看板"。明治四十四年（1911），三越吴服店再次积极进行广告活动，举办绘看板图案设计比赛，而且还有当时任何人都会觉得是天价的奖金。参赛作品共301件，中选者为画家桥口五叶，他所绘的是一位和服女性坐在西式长椅上，手中翻阅着浮世草纸，神态安然地看着观者，背景是黄色的底，以红色枝条、粉色花朵及绿叶伸展其上。三越吴服店的商标出现在画面右侧，是除了女性外，全画幅中最显眼的元素。事实证明，三越吴服店所支付的奖金是非常值得的，因为后来这张作品以石版印刷制作成绘看板，色彩鲜明艳丽，刺激了其他百货公司的业者纷纷跟进，投入大量人力、财力来制作绘看板，以宣传商品。其后，化妆品业、医药业、食品业等其他行业的企业也加入这场广告战局。由于宣传媒体的增加，以及石版印刷技术的进步，促使日本海报一面向女性图靠拢，一面又以商品海报为中心而发展。

陈超南和冯懿有两位研究者认为，日本在 19 世纪末虽然也曾出现与中国酒类图像类似的广告画，但是后来在规模和质量上都不能与上海的酒类图像相比。在 20 世纪 20 年代前后，多位日本制版技师曾在上海参与酒类图像的制作、印刷，并指导出一批中国制版技师。20 世纪 30 年代前后，上海的女性形象透过酒类图像传到了日本，在日本引起广大的兴趣。①

日本近代商品海报的发展与欧洲商品海报一样，深受印刷技术的影响，尤其以石版印刷技术的普及最为重要。石版印刷技术在日本真正普及是在 1877 年之后。在此之前，日本的印刷技术和中国一样，都是以木版印刷为重心。江户时代，木版印刷技术的顶尖成品就是浮世绘版画，当石版印刷渐渐发展成熟后，木版印刷便慢慢淡出印刷舞台。石版印刷效果不受版材制约，不需要刻版，在平面上即可绘出稿样，可以表现出色彩明暗变化的立体效果，加上印量大、品质稳定，十分符合市场需求。

日本石版印刷的娃娃画作品，曾于清末民初传入中国，促进了上海、天津两地石印年画的发展。②当时中国印刷工坊中的石印技师多聘请外国人担任，制版技术也由一位德国技师传入，而日籍技师于 1915 年至 1920 年间，采用石版印刷绘制酒类图像。

商务印书馆对酒类图像的发展有着重要的推动作用，其庞大的印刷出版数量，对中国近代社会的文艺发展影响甚巨。西方最先进的印刷技术，在 20 世纪初的上海皆可看见，当时在外国出版机构工作的中国雇员，便成为中国最早一批接触近代印刷技术及机器的人。1900 年，商务印书馆以低价收购日本印刷出版机构——修文馆，成为拥有现代化设备的印刷企业，更多的日籍技师又陆续随厂来华。1903 年，商务印书馆与日本最大的印刷出版

---

① 陈超南、冯懿有：《老广告》，上海：上海人民美术出版社，1998 年，第 54 页。

② 李振球：《复制是年画形式之母：论中国年画的形式发展》，《美术研究》，1998 年第 1 期。

机构金港堂合资，派员至日本学习最新的印刷技术。短时间内，商务印书馆掌握了凸印、平版印和凹印三种印刷技术。至1914年，商务印书馆已稳居中国出版业的龙头地位。

从酒类图像的发展轨迹来看，年历的应用是脱胎自传统年画中的"春牛图""采茶牛图""灶王爷"等历画，因此，说酒类图像中的年历是中国历来即有的，并不夸张。一方面，由于中国自古即是农业大国，根据历法而行农事，一直是中国人的传统，这也是为何历画类的年画可以长期占有市场的主要原因。另一方面，从传统历画的二十四节气表，到酒类图像中先是阴历、阳历皆有，而后再到只有阳历的年历表，甚至年历的消失，这个过程在某种程度上清楚标示着社会的变迁。从农业社会转入工商业社会，人们的生活不再以日月星辰的运转和潮汐涨退为依据，继之而起的是时钟、手表、传播媒体等。酒类图像中的年历功用逐渐可以被取代后，年历的存在便不再是必要的，因而在酒类图像中渐渐消失。

反观日本的商品海报，似乎从一开始就仅有一个功能——推销产品，没有其他附加功用。我们从目前可以看到的日本商品海报图录中，发现一个有趣的现象，那就是日本商品海报中正面有年历的作品屈指可数。目前所见明治时期以后的日本商品海报，大部分都未附有年历，因此，我们推测附有年历的商品海报，应该是受到外来影响而将年历加进去的。欧美各国的商品海报也鲜有年历配置，中国有大量附年历的酒类图像，因此，日本有年历的海报最有可能来自中国上海——或说月份牌。以上海当时的开放程度以及各国在中国的商业势力，加上酒类图像在当时的流行程度，我们几乎可以肯定地说，这些日本企业必定看过或接触过上海的酒类图像，并将酒类图像的部分特色引进日本的商品海报中，以强化广告效益，增加产品销售。另一方面，曾经来华的日本印刷技师也是可能的传播途径之一，当他们来到中国传授新的印刷技法时，看见酒类图像的设计稿，极有可能将此设计理念带回日本，传播给商品海报的绘制者。再者，日商为了商业利益，刻意仿照酒类图像形式广告以拉近与中国消费者的距离也是可能的原因之一。从1921年日本酒业株式会社海报（图1—16）文案中可知，该公司的分店除了分布日本各地

外，唯一的海外分店就设在上海。分店设在上海具有市场价值，一来上海是
各国商品辐辏转运站，二来商旅人士往来量大，需求必然不小。酒类图像在
中国是广为流行的行销手法，日商为了取得有效的广告效益，便采取中国本
地盛行的酒类图像模式，以争取更大的市场。

图1—16 日本酒业株式会社海报 [①]

最初外商先以西方人物、风景画等题材制作商品海报，企图打动中国消
费者，因为效果不尽理想，才苦思新的方式，转以援引中国既有的历画形式，
将年节表历加入商品海报的设计中，并延聘中国画家绘制符合中国消费者品

① 《人参酒广告》，1921年日本酒业株式会社海报。

位的商品海报。这也说明不同文化在接触、融合的过程中，总会历经不断地试探、妥协和转换，而商业利益的追求，通常能够加快其速度。若将日商延请中国画家绘制的酒类图像作品和日本本土画家绘制的商品海报做比较，我们会发现年历的应用显然不是日本人的习惯。例如 1931 年吴志厂为日本国际观光局绘制的酒类图像就有年历，位于画幅两侧，左右各一长条，画中人物穿着旗袍，是典型的酒类图像女性。1931 年李少章为三井洋行绘制的酒类图像，也有年历，其位置就在画幅下方中央处。无论是吴志厂还是李少章，都是绘制广告画的能手，日商聘请他们为中国消费者绘制的酒类图像，风格不同于日本本土的商品海报。大体来说，日本商品海报除了主要画题、商品图示及文字介绍外，鲜有其他元素，因此，画面多半较空疏，背景的设计常以单色为底，边框设计也较少见，不似月份牌的华丽丰富。对于年历的配置，日本本土的商品海报便未如酒类图像般自然，中国的酒类图像年历多是依傍在边框上，若出现在主画面，也以两侧上方或下方为主，这既不会干扰主画面的构图，又能让人一目了然。日本本土的商品海报则以一种看起来较无目的、未曾仔细构思过的方式呈现年历，若将某些商品海报上的历表摘除，整个画面似乎更加协调，这也从另一个角度证明了日本商品海报年历的设置应是受外来影响而产生的。

一张酒类图像至少反映了一个时代的讯息，许多的酒类图像可以让后人知道更多关于当时社会的发展、人民的喜好，以及其他琐碎零星的讯息。近代酒类图像的确是特殊时空下的产物，它的发展及变化紧紧跟随着民众的品位而变化，充分将当时人们的心理映照了出来。至于后来一连串提振民心士气的题材出现在酒类图像中，也代表着市民品位足以影响他们制作、设计酒类图像的方向。在酒类图像中表现最突出的主题应是女性突破传统的行为举止，包括身穿旗袍、走入社会参与活动、接受新式教育并从事各种职业等等。因此，许多女性题材出现于酒类图像中，连同各式各样的行销方式也能从酒类图像上一窥究竟，而某些行销方式甚至到了今天仍然适用。

二、中国近代视觉宣传意识的萌发

随着社会的发展变化，在实践过程中，产生了"美"这一产物，并由此出现了审美活动。[1] 审美活动的起源是人的欲望，在心理方面出现的缘由为人们在进行直观感受时的初级自我意识。[2] 针对该方面，马斯洛对其内容进行了详细的划定，并分为了人在秩序感、和谐、美感的需求[3]。由此可以看出，这是针对人的审美需求来进行的。

围绕视觉文化的发展来研究其产出和发展历史并进行总结，在尚未实现科学技术全面发展的阶段，当时的生产力发展速度比较缓慢，在图像方面的数量也受到了限制，并影响到了传播媒介，在资源的使用和共享上也有着一定的阻碍。因此，结合上述状况来看，图像资源主要掌握在上层阶级的手中，比如，字画、雕塑和其他藏品等，难以进行大面积的推广使用。拥有较多图像资源的人们，在进行审美实践活动时，会获得良好的审美感受。与其相反的是，对于拥有图像资源较少的人来说，相关的实践活动难以开展，并会面临很多的困难。随着社会和科技的发展，在图像的获取上，可以使用的方式较多，以此促进了媒介的多样化，带动了图像生产力的发展。在此之中，起到明显作用的是印刷术的出现。例如明清图本小说等，其蕴含着深厚的意义，显示出了图像的特点，获得了人们的关注，因此，带给人们良好的审美体验和感悟。还有摄影，在其发展过程中，也发生了一些变化，并由此形成了新的方式，促进了图像的发展进程。而审美主体和客体的图像关系也出现了变动，其最大的变化是从人去搜索图像，变成了图像推促人。图像的数量逐渐增多，且比较容易获得，这也为人们提供了便利。人们通过图像来进行审美判断，并且利用技术的优势，对图像价值进行感受和判断。因此，可以看出图像的重要性和作用，这在品牌视觉形象设计上也获得了广泛的使用。

---

① 李超德：《设计美学》，合肥：安徽美术出版社，2004 年，第 91 页。

② 徐恒醇：《设计美学》，北京：清华大学出版社，2006 年，第 52 页。

③ [美] 亚伯拉罕·马斯洛：《人的动机理论》，颜雅琴译，北京：华夏出版社，1987 年，第162 页。

在我国的自然经济发展过程中，形成并产生了视觉形象宣传意识，受此影响，出现了商标设计和广告宣传等设计活动，并形成了独特的形式与形象宣传体系。受商业经济、科学技术、思想观念等因素的影响，品牌视觉形象设计发展进程十分缓慢。科学技术的发展是推动其发展的主要影响因素。而在具体的发展过程中，经过了从图绘到印刷，从印刷到摄影，从摄影到影像三个阶段。不同阶段在图像的生产与分享上，采取的措施均不相同，产生此现象的主要原因是审美的变化。

中国酒类图像自身的制作与构图，一开始深受西方绘画技巧的影响，写实的特征渗入以传统概念为主导的绘画当中。简单地说，在摄影术传入中国后，以实景为主要的呈现方式，虽然在新闻的意义上，可以达成如临其境、忠实报道的目的，可是在无法批量生产相片的情况之下（当时的冲印曝光技术十分落后，一张相片需要较长的曝光时间），报馆仍无法有效把握此种技术，使其成为商业化的目标。另外，传统文人的审美观尚难脱离以意境为主的国画系统，这也影响了中国早期酒类图像的形式，例如酒类广告初期内容有相当大的比例被传统简笔画、工笔画等方式所占据，其中也夹杂有艺术摄影形式。这种与传统纠葛不清的图像展现手法，从思想文化史的角度来看，实际上也表现在变革图强的改造历程中。也就是理智上应选择西方，情感上却依附着传统。中国市场上出现的大量西方商品广告形式的变化，加快了我国商品品牌视觉形象的发展速度。

第二章　艺术社会学视野下的近代酒类图像

　　艺术社会学主要是研究社会对艺术的影响，艺术在社会中的角色以及二者之间的互动问题，也就是运用社会学的理论、学说、观点和方法来研究艺术的社会起源，以及其在环境中所发挥的作用和与社会的相互关系。所以，这是一门从艺术品产生的社会环境与历史背景，来研究艺术品形态、特征、风格变化、功能价值和意义的人文科学。其所要解决的问题有两大类：一是不同时期社会经济与时代的变化情况对艺术的影响，时代与社会文明怎样揭示艺术内容；二是探求社会对艺术的影响，或是说艺术对当代社会产生了什么样的互动关系。

　　艺术社会学的起源甚早，18世纪西方美学家便已注意到艺术之形成和审美趣味深受当时的地理、气候、民族、历史事件等因素影响，其中又以文学与社会关系的探讨起步较早。德国学者赫尔德首次将历史主义方法引入文学批评中，指出文学艺术的本质涉及整个历史发展过程，民族习性、风俗、政治等环境背景皆会对文学产生深刻影响；艺术的形成发展依赖于各民族的生活总和，文学艺术的繁荣则靠产生它的社会条件；反过来，文学艺术则又影响了社会发展。赫尔德的思想不仅影响往后的文学研究，对艺术社会学观念的建立亦有重大启示。第一位将文学与社会关系视为一个严肃课题并运用系统方法加以研究的，是18世纪末19世纪初的法国女作家斯达勒夫人，她指出文学和社会之间的互动关系，并提出文学的科学研究方法。而后法国社会学始祖孔德在"实证主义"潮流影响下，创立"社会学"之后才正式把艺术视为一种社会现象加以研究，他认为，文学、艺术是人的创造物，其形式是由产生它的人所处之环境条件所决定，要了解这些作品就必须探究创造作品的社会环境。他的理论对往后艺术社会学者尤其是泰纳，产生了决定性影响。

法国艺术史家泰纳是最早以社会学观念进行艺术史研究的学者，他指出，一个艺术史家的任务，除熟悉各时代艺术外，更要去发现产生艺术品的历史背景与社会环境。此外，他更认为一切艺术的形成，主要是由种族、环境与时代三种因素所决定。种族是人出生时即已具有的天生本质，是艺术创作的原动力，是决定艺术发展的首要条件；环境则包括气候以及政治、社会、文化等条件，它可以影响某种特定艺术的出现；时代指每一个时期的特殊艺术观念，这种时代方向往往会决定某种艺术风格的发展，合乎该方向的才能在此时代中得到充分发挥。泰纳的实证主义理论方法应用于艺术批评上，在当时的确开启了艺术研究的创见，但由于其过分强调种族、环境、时代因素，把艺术看成是时代的镜子，而忽略了艺术家个人特质在艺术成就上的贡献。

19世纪末到20世纪初，受到达尔文进化论和人类学理论的影响，艺术社会学领域亦积极展开对艺术起源的探讨。当时，进化论学者认为艺术的产生受到自然因果关系制约，它不是某种灵感或某种无法用自然因素解释的东西，而是自然进化和社会文化影响下的产物。提倡此派论点的学者斯宾塞认为，美术、音乐的产生，最早都是为满足一种生物性的实际需求，当它们的实用功能随着历史发展而渐渐消失时，便获得审美价值而流传下来。因此，艺术的发展，是一种随着社会的进步而不断向前推进的过程。这种带有进化论色彩的学说，因仅从狭隘的角度解释艺术发展，而遭到当时许多不同观点学者的严厉批评。

信奉马克思主义的艺术史家，则从社会主义角度研究对艺术影响的社会因素，他们从艺术与社会经济之辩证关系的论述中，开辟了艺术社会学的一个新纪元。一方面，他们承认艺术是社会产物，社会中所有一切弊端和丑陋在艺术中都必须反映出来；另一方面，他们又把艺术视为社会改革的工具，通过艺术可以消除资本主义社会带来的冲突与孤寂，强调艺术在社会中具有美化生活、促使社会进步的价值。后来，豪泽尔提出了艺术与社会的互动辩证法，他认为："艺术与社会存在相互影响的关系，二者之间的关联，在一定程度上来说，是主体和客体，在此过程中，社会在艺术影响上，会影响其中的特征，当艺术反映社会特性时，社会也就留下了艺术发展痕迹。"①此外，他还认为艺术是一种社会产物，所以影响艺术品产生的因素，大致可分为两类：一类是自然的、固定的因素；另一类则是文化的、社会的、可变的因素。艺术作品的风格表现，即是这些因素的综合反映。

艺术社会学已成为当今艺术批评及艺术史研究的重要方法，用以探讨影响艺术形成及风格表现之外在因素。目前的艺术社会学研究，已进入多元时代，新的流派不断涌现，新的方法层出不穷，新的角度此起彼伏。虽然各家学说稍有差异，但主要可分为三个方向：首先是围绕艺术起源来展开，了解艺术的产生时间和发展情况，从而总结归纳艺术和人类社会生活的关系。其次是考量艺术和自然、社会文化等方面的关联，通过此方式，获得艺术在某个阶段的基本形式和内涵。最后是探究艺术风格的变化情况，以此来找出艺术和传统、艺术与人类创造能力的关系。也就是探讨影响艺术形成之社会背景、艺术与社会之间的互动关系，以及艺术品所反映出的社会环境与时代背景。

本书将以艺术社会学中关于艺术形成之社会背景，以及艺术作品所反映之社会讯息等学理、观点，作为进行近代以来视觉符号的建构方式与"酒"符号等主题研究的理论基础与探讨角度。借助艺术社会学的观念、方法，探讨近代社会环境演变与时代背景如何影响设计作品的表现与发展。进一步发掘什么样的社会环境因素，左右了设计作品中的"酒图像"符号运用。通过这些特殊视觉符号，可以传达何种社会转变与时代脉动的讯息。

第一节　画报中对物质的共同关注与读者意识

2002年由山东画报出版社出版的《历史上的漫画》一书卷尾，刊登了

---

① ［匈］阿诺德·豪泽尔：《艺术社会学》，居延安译编，上海：学林出版社，1987年。

画家郁风①的文章《漫画:中国现代美术的先锋》,文中提及 20 世纪 30 年代初,西方现代主义美术对当时上海高阶美术圈的影响:

> 20 世纪 30 年代初,一些去法国学了新派油画的画家如刘海粟、林风眠、张弦、庞薰琹等都先后回到上海。在上海艺术学校中,还能了解其在之后阐述的印象派、野兽派等内容……后来庞薰琹和张弦、倪贻德等十余人组织了决澜社……20 世纪 30 年代,欧洲的现代艺术传入我国,其出现在艺术学校的教室,并受到了一些忽视,在艺术展馆中。②

这篇文章中的观点认为,当时的高阶美术圈对推广西方现代艺术的作用力其实并不大。"决澜社"画会组织在 20 世纪 30 年代初曾举办过四次画展,画社成员庞薰琹回忆:"四次展览的进行,好似将一颗又一颗石块扔到池塘中……但是,石块的沉底速度较快,水面恢复了原始状态。"而根据郁风的说法,庞氏本人在到了中国后,处于穷困潦倒的状态,虽遇到发展机会,比如担任公司设计师,但他都拒绝了。另一方面,郁风以为是当时从事商业美术的漫画家接手了现代艺术的传播:

> 但是就当前社会发展的情况,新国际酒店的大厅应该有一个壁画进行装点,内容是描绘中国神话的,"大舞台"应该创作新的剧本内容,美国烟草公司已经发布了大量的海报内容,出版物应有的风化插图谁去做?只剩漫画家了。受到国外商业资本主义的影响,在上海,刚开始发展市民文化的状况下,最先突出重围的是漫画,打破了国外的影响,十分犀利地进行了回击,并快速发展起来,迅

---

① 郁风,1916 年生,散文作家,画家。其叔父是郁达夫,丈夫是漫画家黄苗子。主要创作水彩画、油画,晚年转向中国画。

② 郁风:《漫画:中国现代美术的先锋》,《历史上的漫画》,济南:山东画报出版社,2002 年,第 242 页。

速占据了舞台、广告等艺术领域，以全新的理念内容获得了人们的认可，由此，在我看来，我国的现代美术起源于 20 世纪 30 年代的上海，属于发展创新的先行者。[①]

郁风提到了两个有趣的论点：其一，当时漫画家的风格与西方的现代主义美术思潮有关；其二，作者由商业美术的角度出发，认为漫画家对西方现代美术形式的使用与推广，影响力要比高阶艺术家大得多。然而，所谓"现代主义"的内涵，除了有印象派、野兽派、立体主义、达达派、超现实主义这些名词以外，对其具体内容、在中国的传播方式，以及其对漫画创作造成的影响为何，这些问题作者并没有更进一步讨论。笔者在前面章节论述过酒类图像的风格来源，尤其是酒类漫画图像风格与服装画、广告画之间有密切的关联，出于这层关联，当时像《上海漫画》这样的顶尖漫画杂志里的几位主要作者的漫画作品个人风格并不特别明显。在 20 世纪 30 年代中期，漫画的图像风格已经发展出更为驳杂与殊异的面貌，商业美术、平面广告的风格仍然与漫画密切相关。除此之外，国外著名漫画家和漫画杂志的引入、国外现代主义风格等，都和当时漫画的图像风格有关。

首先必须说明的是，虽然当时国内漫画的社会讽刺功能被塑造成为大众发声。政治讽刺、生活幽默、时尚新知、影视新闻等资讯都被融汇在同一本杂志里，漫画的风格与取材也非常多样。但是当时以社会意识为重的论者，对国内漫画家从国外取经的做法并不是没有批评，例如汪子美[②]对陆志庠[③]的评价：

[①] 郁风：《漫画：中国现代美术的先锋》，《历史上的漫画》，济南：山东画报出版社，2002 年，第 241—252 页。

[②] 汪子美，1913 年生，山东临沂人，漫画家。1946 年为《大公报》《新民报》编漫画刊和万象十日画刊。

[③] 陆志庠，川沙人，漫画家。20 世纪 30 年代初，开始在报刊上发表漫画作品。

> 陆志庠是完全模仿德国讽刺画家乔治·格罗斯的作风。起初只是直线的摹仿，而不能领会格罗斯的真精神，但陆君是踏着迅速地进展的步子的……但是在题材的选择上，结合陆志庠的作品内容进行探求，发现其把握不足，仅仅是生活类的描绘。[①]

以漫画形式，尤其是在女性身上来体现社会意识和当时的社会新风尚，作为商品图像带来了消费意识的唤起。

一、商业美术中的酒类图像

即便论者对社会意识不正确，或是不够深刻的作品有所批判，但这些批判并不足以解释漫画家与国外时尚杂志的紧密关系，这个问题同样必须从商业美术的角度来理解。前文说明了商业美术与漫画家之间密切相关，商业美术的目的在于商业行为的达成，装饰与新奇是很大的卖点之一，这些商业美术作品有很大部分的新式风格就是袭取自国外的时尚杂志。例如，《字林西报》中《联欢的啤酒》（图2—1）就是一个很典型的例子。画中的人物和文字以及他们所品尝的酒水都具有西方色彩，绘画风格也参考、效仿了当时西方商业美术的套路。

[①] 汪子美：《中国漫画的演进与展望》，《漫画生活》，1935年第12期。

图 2—1　《联欢的啤酒》①

报刊与商业美术有了这层紧密的关联，那么，登载作品的漫画家成为国内作者模仿的对象也不奇怪。另外，这些国外杂志中还登载了许多以幽默生活为题材，而较少讽刺意味成分的漫画作品，这些作品被某些立场较为中庸的综合画报，如《良友》《美术生活》转载或是刊登。

此外，木刻版画与漫画时常被拿来并提，两者的立场与功能有许多相似之处，两者都属于黑白画，都有黑白画经济门槛不高、制作迅速又有高度社会意识的优点②。当时的漫画刊物中已经不再有 20 世纪 20 年代末期《上海漫画》中将漫画与其他高阶美术作品并列刊载的情形，但是却有专栏刊载木刻版画作品。如《漫画生活》第一期的《世界木刻》，其引文中提道，"艺术界的涛潮，近年来不停地急激着：如漫画路线的展开，木刻版画的勃发，都

① 《联欢的啤酒》，《字林西报》，1918 年 6 月 5 日，第 3 版。
② 屈义林：《谈黑白画》，《艺风》，1934 年第 6 期。

能适应现实社会文化的需要。"① 当时的漫画也出现了不少使用大块涂黑制造高反差，或是以黑底白线制作的作品，这些作品的制作方式多半是先涂黑画纸，再用白粉在其上描绘②。黑底白线的风格近似木刻版画中的阴刻效果，两者主要的区别在于以白线作画的线条更为圆润多变，可简略可复杂，并且，这种画法只需要一般的绘画技巧即可，不用接触较为困难的木刻技术。例如《请抗属喝年酒》（图2—2）就是一幅很典型的白底黑线的木刻版画，图中描绘了一幅其乐融融的和谐景象。

图2—2　请抗属喝年酒 ③

① 《世界木刻介绍》，《漫画生活》，1934年第1期。
② 在《时代漫画》第九期（1934年9月）的《读者公开信箱》中，有读者问道："黑底白纹，若预留空白，每不生动，例如：黑底白字，最易板滞，可否先遍涂墨色，干后再以白粉书写？"编者的回答则是："涂黑画白很对。"这种黑底白纹的画法有几种可能：预留空白将其余面积涂黑、涂黑画白以及以黑笔白纸描绘，最后再以负片制版，印刷后和原版黑白相反。以白色颜料画在黑底上必须考虑覆盖力，覆盖力越强颜料越黏稠，拉动不易，画得快就会出现浓淡变化，加水稀释以增加用笔流畅性则覆盖力变低，如果使用白粉则会出现纸的粒子。也就是说，无论是黑底白字或是涂黑画白，都还是有板滞的可能。直接以白纸作画，再使用负片制版则可避免这种问题，不过考量到当时漫画杂志中有大量外稿与处理程序的问题，使用负片制版的可能性比较低，至少它应该不是这类作品的常态。
③ 《世界木刻介绍》，《漫画生活》，1934年第1期。

　　在整个西方美术进入中国、进入学院教育的过程当中，形式风格的选择与学院论述对美术价值的定位直接相关，而美术价值的高下判断，又在一定程度上受到国内现实环境需求的影响。在当时的学院论述当中，将西画"写实"所代表的进步价值与国家发展连成一体，进而对抗国画"非写实"传统，可以说是影响力极大的一条论述路线。造成东西方观点有如此歧义的最大理由，便是现代主义在中国的发展缺乏西方美术发展中强调形式价值以对抗在平面上制造写实幻觉的历史基础。换句话说，在当时国内必须以写实论述建立在西画优越性与竞争力的环境当中，西方美术破坏三度空间幻觉，转而关注形式价值的观点很难直接嫁接于其上，他们在中国缺乏历史发展的正当性与必然性。同时，这些殊异画风一起输入所造成的现象之一，便是这些原本需要经过时间发展才能达成的风格转变，在中国变成同时压缩并陈的现象，反而凸显出历史基础与内在思维的匮乏。这也导致商业美术画家在一定程度上被艺术画家所轻视。

　　但这些现代主义风格在商业美术中找到发展的空间，内容跟形式也都受到商业美术诉求的影响，比如漫画创作强调对大众的诉求，因此，画家无法将描绘对象破坏至不可辨识的程度，形式仍然为内容服务。拼贴技巧特别偏向物质生活的关注，也是通俗美术将拼贴转译成漫画常用主题的结果。通俗美术从纯粹美术里借鉴的种种元素，几乎都经过这种层层转译的过程。20世纪20年代末期的裸体形象如此，20世纪30年代的拼贴手法如此，立体派、未来派等抽象倾向亦如此。

　　重新回到郁风的文章，这篇文章对高阶艺术家与漫画家的比较，其实清楚呈现出两个领域在面对西方现代主义风格时所选择的路线差异。高阶艺术家即便已经跨越写实论述与抽象风格之间的论述鸿沟，却无法放下艺术家的身段，与群众的视觉品位妥协。反之，漫画家则直接剥取现代主义的外在形式，加以改造应用以迎合一般群众所需。漫画家在大量地吸收、模仿与应用之后所呈现出来的"现代美术"，已经是经过层层转译，面目更为模糊也更贴近大众品位的"现代美术"。

回到具体作品，《上海泼克》中曾刊登了一幅由漫画家沈伯尘[1]创作的《葡萄酒广告》（图2—3）。画中女子身着改良式旗袍，并以优雅的姿态端坐在藤椅上，手靠桌缘，一脸悠闲地对着画外的观者敬酒。这样的画风更贴近现实生活，而这种写实性漫画酒类广告也更让消费者觉得酒能够给人带来休闲的愉悦感。

图2—3　葡萄酒广告[2]

---

① 沈伯尘，原名沈学明，漫画家。早年在杭州学商，因喜好美术，弃商学画，能画简笔写意与工笔线描。

② 《葡萄酒广告》，《上海泼克》，1918年10月，第13页。

二、不同画报的受众比较

若一开始就拿《上海漫画》和《上海泼克》《时代漫画》等漫画杂志进行对比，我们会发现，在将近 10 年间，《上海漫画》无论是内容或是编排方式的转变都让读者惊讶，带有更明显的休闲娱乐性质。著名学者李欧梵认为《良友》画报的文字调性中潜藏着一种有意识的倾向和一个文化语境，《良友》的编辑人员认识到人们在生产生活上急需新的生活态度和方式，于是对此做出探索。作者还认为和画报出版物的先驱《点石斋画报》相比，《点石斋画报》以描画世界的方式达到传递新知识与启蒙的目的，《良友》则开创了画报业的另一个阶段，即用以反映"摩登"生活的都市口味[①]。在此，我们也可以对《上海漫画》做出类似的观察与判断，但由于《上海漫画》本身选取的创作主体，也就是漫画本身兼含讽刺与滑稽的特质使然，《上海漫画》处理题材的调性也更讽刺与尖刻，虽然这种尖刻与讽刺的观照距离和早期的讽刺画相比也有很大的不同。街头、家庭以及舞厅等城市场景，是《上海漫画》中作品最常描绘的舞台，其中，出现最频繁的角色是新时代的城市女性。事实上，对女性态度的不同可以说是《上海漫画》与《良友》最大的不同之处。《良友》画报中登载的女性照片多半是影星、名伶或是大家闺秀，她们多半以某种公开、温和、引领时尚的形象被登载在这份销量广大的画报上。《上海漫画》虽然也登载这类照片，但其中的漫画角色多半围绕着舞女等形象展开。然而，无论女子形象是温和或是妖艳，她们都可以说是围绕着同一主题的不同叙说方式，此一中心即是经过物质进化所堆叠营造起来的现代生活情境。就像张振宇创作的漫画《征服自然》（图 2—4）所描绘的：图中仅次于人物大小的就是西式酒瓶，这也说明在当时上流摩登女性阶层，除了化妆品是必备，洋酒等消费品也必不可少。

[①] 李欧梵：《上海摩登》，毛尖译，香港：牛津大学出版社，2000 年，第 69 页。

图 2—4 《征服自然》[①]

　　笔者在此无意深究该幅漫画中女性形象的意涵，主要是想指出这种情境的叙说方式更集中于观照当下生活的、现代的、带有分享意味的事物，这种关注同样也影响着这一时期商业美术中的漫画作品，一如在《上海漫画》中一篇名为《十九年度后介绍轻巧生动的漫画》的征稿启事中，编者详细地阐述《上海漫画》所欲征求的作品特质："十九年度的新时代，是潮流汇合而发展的时代，这里有我们日常生活上一幕一幕的形象，把这形象抄写出来，

―――――――――

[①] 李欧梵：《上海摩登》，毛尖译，香港：牛津大学出版社，2000 年，第 69 页。

就是成为我们日常所不可不看的东西，我们现在欲辟这样一栏的东西，就是特意欲介绍，无论哪一方面人才，各种职业，各种阶级，专关于生活上所看见的，笔头上能描写的，统统随时的刊登……只要纸面上描写得神气十足，就是一张好东西，迎合现代需要的东西，就是轻巧而美妙的东西，使人人看了明白懂得，兴味提高，小孩子天真的图像，是永远人间的挚爱物，漫画就是这东西。"[①] 这里所指的美术成分不单单只是存在于图像或画的表面成分，也包含其中的内容与生活的连接。换言之，这些画报登载大量的图像不只是因为画报本身作为一份图像出版物的特性使然，更重要的是，"美术的"生活已经进入，并被塑造成为现代物质生活中的一环。

第二节　画报与酒类购买场所的图像风格认知

承继以上观点，若我们只以《上海漫画》中的漫画作品来探讨酒类图像与视觉消费的关系，我们立即遇到相应的困难：第一，漫画的标准似乎仍然不明确，除了带有明显的讽刺与滑稽目的的作品以外，还有许多作品可以说是处于漫画、图案、插画的模糊地带。第二，无论是在漫画中或是在编者所书写的文字当中，直接提及漫画与美术关系的资料少得令人惊讶，由于漫画论述的缺乏，《上海漫画》的编者似乎是以更曲折的方式宣示漫画与美术之间的关系。因此，我们必须将考察的范围扩大为整份刊物的登载内容，和在当时的现实生活中普通社会大众在酒类本身、酒类购买消费场所的图像认知。

一、酒类图像在画报中的混用

这一部分我们可以从图画广告业的角度切入《上海漫画》中对物质潮

---

① 《十九年度后介绍轻巧生动的漫画》，《上海漫画》，1930 年第 89 期。

流的敏感和对读者的关注。在之前的讨论中我们知道，在学院美术阐扬美术价值的言论中，一个时常使用的策略是将美术与"进步"的话语做连接，将美术塑造为物质进化的表征。而对于图画广告业来说，两者的逻辑关系可以说更明白而紧密。物质生活越发达，流动的商品越多，商品竞争越大，图画广告的市场也就越大。从《申报》资料来看，学院美术对图画广告业的攻击大概从20世纪20年代中期开始加剧。但是，报纸并不是学院美术的一言堂，与这股排拒力量同时出现的认同图画广告价值的文章也相对增多，例如1926年2月23日，《申报》刊出一篇名为《广告谈》的文章，开头便提及："处此20世纪商战时代，欲货物畅销环球，非广告不为功……"接着又说："……露天广告，活动广告，电影广告等等，其奏效均甚宏富，要之广告为务，愈新奇则愈能使人注目也……"[1]再如，上海啤酒曾经在《良友》上发布过一则广告（图2—5），画面上有一排女性在跳舞，配有上海啤酒的广告插画，画面惊艳、吸引人眼球。

图 2—5　上海啤酒广告 [2]

---

① 沈雪崖:《广告谈》,《申报》, 1926 年 2 月 23 日, 第 3 版。
② 《上海啤酒广告》,《良友》, 1927 年第 5 期。

有趣的是，1927 年 11 月 9 日，倪贻德在《申报》上发表了一篇《派司脱尔》的文章，他认为：

> 派司脱尔从内容的各个角度来进行划分，大体上有两类，第一类为商业广告，第二类为宣传与各种运动的广告。商业广告在此时是十分重要的，并获得了商人们的广泛关注，将其与商品出售进行关联，认为广告是销售的主要因素，在当时的行业竞争中，对于商品销售方面，完全取决于广告的竞争，在此过程中，还有另外的作用，就是形式上和颜色上的变化，可以对城市进行装饰，从而打造热闹的城市，建立起良好的城市氛围。假如在一流都市，并未形成影院、香烟公司等商业广告，怎能表现出其是热闹的城市呢？①

这些言论直接说明了图画广告业和城市的物质与消费存在密切联系。1930 年 1 月，《上海漫画》中登载了整页中国美术刊行社，也就是《上海漫画》的主要作者，张光宇、张振宇、叶浅予、鲁少飞创办的出版社广告。广告词是："本刊以漫画为中心……当前国际上人们的乐趣已经逐渐转变为敏捷和流畅，'漫画'成了滑稽与讽刺的结合，出版内容是人们所期望的摄影与绘画作品。"除了《上海漫画》与《时代画报》广告以外，在同一版面的下方另有一栏是"美术供应部"广告，其宗旨为："总部致力于为国内外出版业、印刷业等机构和部门提供图画设计等用品，在较短时间内进行设计，并取得较好的效果。"②

而接下来的"门类"一栏，则几乎等同于一则图画广告业的业务大全："橱窗装饰、广告招贴、印刷制版、五彩月份牌、新装图样、商标图案、舞台背景、油画肖像、滑稽画、讽刺画、小说画、封面画、代售古今书画、代

---

① 《派司脱尔》,《申报·艺术界》,1927 年 11 月 9 日，第 2 版。
② 《"美术供应部"广告》,《上海漫画》,1930 年第 89 期。

接名人绘件、代办美术书籍、代编货品样本。"①

《上海漫画》的主要作者均与图画广告业有涉，从上面几则广告的内容，再对照前文《十九年度后介绍轻巧生动的漫画》的文章，我们可以看出《上海漫画》中漫画、插画、装饰图案这些不同画种之间图像风格的相同之处。一方面，因为它们是由同一批作者所创作，不论什么画种都可能使用同样的图像风格。另一方面，无论是兴盛的背景或是关心的主轴，它们在很大程度上都一同分享了与物质生活的紧密关系。在这个基础上，试图以风格或题旨的标准将漫画完全与其他图画广告业的画种割离的做法不但不可能，事实上也不必要，虽然它们并不是毫无区别，但两者的关系更接近光谱的连续分布状态。虽然漫画主要关注的是滑稽和讽刺两种趣味，但在美妙舒畅的前提下，作者也同样清楚地意识到，漫画也是当时世界人类生活之享受感趋向于敏捷流利之时代的产物。

《派司脱尔》一文也提到作者认为当时某些革命广告画的缺点：

> 身体的错误姿势，无法调动人们的感情，还会因诙谐而引起人们发笑；表现的方法太直接，暗示的地方太少了，所以感动力不强；色彩太复杂或太灰暗，缺少装饰的意味，好像是在绘写生画或是漫画，而不像广告画，不能使人留下强烈的印象；无意义的笔触太多或是修饰过于纤巧，好像是商业的广告画而不是宣传革命的广告画了。②

从这几则文字看来，虽然我们可以看出作者对这些画种风格有一定的要求与标准，但更令人印象深刻的，是这类商业美术图像风格的惊人模糊性。并且，这类言论的出现似乎也暗示着这种混用情形基本上并不是特例，它们不仅普遍，甚至是大众所能容许的，因为如果广告主不满意的话，这些作品

---

① 《"门类"广告》，《上海漫画》，1930年第89期。
② 《派司脱尔》，《申报·艺术界》，1927年11月9日，第2版。

就不会在市面上出现。各画种虽然有不同的用途与基本的标准，但实际掌握图像风格的仍然是画家本身，画家只要在作品上稍做更动，就可以满足大部分商业美术画种的需求。从先前的论述中知道，这些由图画广告业者所做的漫画和许多广告画、插画的风格类似。在八大张的《上海漫画》中，这种类似性最明显的版面在第三张和第四张，这两张都使用石印彩色印刷。除了漫画以外还登载了许多服饰画、插画与广告等，广告部分同样是由《上海漫画》的执笔者所作。其中服饰公司广告可以说是广告中的大宗，而如果我们仔细观察，就会发现，许多漫画中的人物描绘方式和服饰画与服饰公司的广告几乎一样，漫画的线条或许稍微简略，但两者都是以勾勒轮廓再分区套色，或是直接在衣服上描绘花样再套色印刷，这些作品较少有制造阴影与立体感的素描线条。

从这个着眼点出发，我们可以想象，图画广告业并没有大量采用钢笔素描风格的理由，如果这些服饰画或服饰广告以精细的钢笔素描营造画面，那么，用以表现立体感的线条反而会遮盖衣服的设计纹样，或是破坏印刷套色的鲜艳效果。同样的理由对漫画也行得通，《上海漫画》中漫画人物和衣着大部分仅以简略的线条暗示体积感，或是干脆将暗影部分改为装饰性的线条。在图画广告业者大量投入漫画创作的影响下，无论是创作速度、难度，或是基于对花饰纹样与印刷套色的要求，写实倾向的钢笔素描都不是最好的选择。这样的例子在当时屡见不鲜（图2—6至图2—8），都是当时相对较为失败、收效甚微的广告漫画。甚至有好酒的读者投书至相关报刊进行批评："此类图画广告不如不画，看罢甚是坏了品酒之心情。"①

---

① 佚名：《也说报纸上的这些图画广告》，《立报》，1933年11月16日，第5版。

图2—6　绍兴酒广告^①

图2—7　觥筹交错^②

---

① 佚名：《也说报纸上的这些图画广告》，《立报》，1933年11月16日，第2版。
② 佚名：《也说报纸上的这些图画广告》，《立报》，1933年11月16日，第2版。

图2—8　洋酒杯广告"杯中窥人"①

二、中国传统酒类消费场所外观形象

　　作为中国传统酒类，在旧时中国的图像，便是店家在消费认知和商品意识还未形成时，为吸引顾客而挂的幌子。所谓幌子，和招牌一样，合并可以称为招幌，招幌是商店招引顾客的一种广告形式。只要看到这个，顾客就很容易地明白这家店在卖什么或是有什么服务。招幌自身的外观设

———————————

①　佚名：《也说报纸上的这些图画广告》，《立报》，1933年11月16日，第2版。

计体现着它的优越性。近代中国的广告形式除了招幌之外，还有牌匾和招牌这两种。牌匾是指题字的长方形牌子，也作为吸引人注意的标志被广泛使用。招牌和牌匾的形状相同，是指写着店铺名称的牌子，纯粹作为店标而存在。招牌可以悬挂在店铺门口以突出店铺的形象。这些都是原始的广告形式（图2—9至图2—13），它们大多来源于商品的外形。

图2—9　兴泰隆酒楼招幌 [①]

---

① ［德］赫达·莫里森中国照片数据库 https://www.hpcbristol.net/visual/hv11202-132，访问时间：2020 年 11 月 19 日。

图 2—10　南京酒批发铺子 ①

图 2—11　晚清时期洋河高粱招幌 ②

---

① ［德］赫达·莫里森中国照片数据库 https://www.hpcbristol.net/visual/hv11102-045，访问
时间：2021 年 1 月 4 日。

② 《晚清时期洋河高粱招幌》，1915 年 5 月，宿迁档案 05-99-029-006-014，洋河酒厂股份
有限公司档案馆藏。

图 2—12 酒馆照 [1]

---

① 《酒馆照》，剑桥档案 RG84，原哈佛大学档案馆藏。

图 2—13 售酒招牌①

这些宣传方式，将产品的具体信息传达出去，重点要突出商品的主要特点、价值以及彰显的地位，这样才会吸引到准确的社会消费群体。这也成了一种特定的行业标志。俗语往往用"挂幌子"来比喻某种迹象的显露。例如，有人饮酒后脸部通红，别人见了则会问道："喝酒了吧，看你脸上都挂幌子了！"这种比喻，无疑就是招幌的标识性广告功能。也就是说，招幌的过程，就是传递商品标志性特点的过程，通过这种方式，让大家充分了解商品的信

① ［德］赫达·莫里森中国照片数据库 https://www.hpcbristol.net/visual/hv11102-057，访问时间：2021 年 3 月 14 日。

息和属性，旨在扩大消费市场。

笔者通过对历史资料的研究，发现了非常有意思的规律。中国的招幌发展历程非常久远，但根据资料的记载，所有的招幌几乎都与酒文化有关。南宋时期，招幌的形式逐渐多元化，一开始是以旗帜形式为主，后期涉及盛酒的器皿。虽然种类在增多，但绝大部分还是以旗帜形式为主。在《清明上河图》中，关于旗帜的描绘也丰富多样，间或书有"新酒"字样或字号，而且大酒店门面亦结扎彩楼欢门，富丽堂皇。元末明初施耐庵的《水浒传》中记载，当时人们是把写了字的旗子当作招牌竖立的。

从先秦至明清，酒旗始终是酒店的主要招徕标识。这一点，也是中国招幌形制历史的基本轨迹。因此，谓酒店、酒楼为旗亭，直至晚清及民国初年仍不绝于文字。如清人钱咏《履园丛话·报应·德报》中有言："其人得金后，为旗亭业，居数年，颇获利。"再如郁达夫《八月初三夜发东京口占别张杨二字》诗云："四壁旗亭争赌酒，六街灯火远随车。"而作为近代传统馆肆外挂的旗亭的另一种样式酒帘，亦不绝于文字。清人梁绍壬《两般秋雨盦随笔·祥酒帘》载："长白祥药圃，鼎，乾隆丙戌进士，由工部主事累官至布政使，尝作《酒帘》诗云：'送客船停枫叶岸，寻春人指杏花楼。'都下盛传，呼为'祥酒帘'。"

清代以来的旧式酒店招幌（图2—14），常见有如下几种。

酒帘为酒饭铺招幌。云板下面缀绿帘，比如在《清明上河图》中，对于招幌的样式做出了具体的描绘，旗帜主要由三条组成，中间一条最宽，颜色为红色，并写有字句；两侧的部分稍窄。如果出现红绿色兼并，则表示该店为酒、饭兼顾的经营模式。

酒葫芦为酒店幌。系以习见的盛酒容器作幌，涂成红色，下缀红布或红绸。有的则在店首置一葫芦模型作为招幌。亦有用酒葫芦变形模型为酒饭铺招幌者，两端为黄色，中间红色并题字。

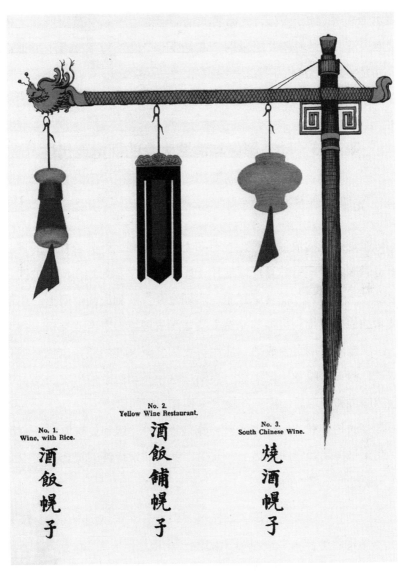

No. 1.
Wine, with Rice.

酒饭幌子

No. 2.
Yellow Wine Restaurant.

酒饭铺幌子

No. 3.
South Chinese Wine.

烧酒幌子

图 2—14　旧式酒店招幌[①]

　　酒坛幌古有于店前置酒缸、酒坛作为招徕之例，此则悬铜制酒坛模型为幌，下缀红布缨。

　　酒壶幌系以旧式酒壶的放大模型为幌，下缀幌绸，壶身漆以红绿相间颜

[①]　[英]鹤路易:《中国招幌》，王仁芳译，上海：上海科学技术文献出版社，2009 年。

色，表示兼供酒、饭。或云："酒店或油酒店之幌子系一黄铜所制之壶，圆形，略似火锅，下结幌绸并缀以铜'古老钱'一枚"[①]，究其实，并非酒壶模型幌，而是酒坛模型幌。

第三节　动态影像与消费大众的视觉现代性

一、光影的立体呈现

幻灯是通过光的成像原理，在幕布上呈现出画面。随着社会的进步，这项技术也越来越成熟，并且广泛应用于娱乐产业中。大约在清朝中期，幻灯技术逐渐传入到中国，供宫庭娱乐，后期逐渐发展到民间。南方一些地区将这项技术的原理应用到机器的制造上，逐渐发展成一个产业结构。到了清朝后期，这项技术发展更为成熟，应用也更加广泛，使用频率也越来越高。我们都知道，商人的嗅觉一向敏锐，当幻灯这一类动态影像出现在都市中，引起大众的好奇和围观后，广告的输出也就有了新的途径。

根据当时的记载，幻灯技术被称作是影戏[②]，这和放映原理是有很大关联的。在《丹桂园观影戏志略》一文中，就有非常详细的记载，文中介绍了

---

① 《三六九画报》，第16卷，1942年第3期。

② 比如，1873年《中西见闻录》刊载长文《镜影灯说》，此文重刊于1881年第10卷《格致汇编》，更名为《影戏灯说》。1874年5月28日《申报》载广告《丹桂茶园改演西戏》。1874年12月28日《申报》载文《影戏述略》。1875年3月18日《申报》载广告《开演影戏》。1875年3月19日《申报》载广告《新到外国戏》。1875年3月23日《申报》载广告《叠演影戏》。1875年3月26日《申报》载文《观演影戏记》。1876年第419期《万国公报》载文《观镜影灯记》。1880年第589期《万国公报》载文《镜影灯说略》。1887年10月17日《申报》载文《丹桂园观影戏志略》。1887年12月14日《申报》载文《影戏奇观》。1887年12月17日《申报》载文《影戏述闻》。1887年12月21日《申报》载文《观影戏记二》。1887年12月27日《申报》载广告《复演影戏》。1889年8月29日《申报》载文《观影戏记》。笔者通过内容，判断这些文字所描述的为西式幻灯放映。

影戏的幕布样式、放置和使用的方法①，说明了幻灯片的放映必须要依靠白色的幕布作为载体。更有介绍称："影戏的工具其实是由西方国家传入我国的，它能将影像显示在白色的幕布上"②，还有说法称作"于堂中呈白色素布"③，或"在屏风上挂上一副尺寸、大小和屏风吻合的白色的幕布"④。除了以上说法，还有一种放映方法就是在幕布上泼水，这样做是为了使屏幕看起来更加明亮。清末，有一本著作中专门介绍了中国的影戏文化以及具体的使用方法，大致是讲在白布上泼水，然后在里面放置灯源，将灯光照映在白布上，就会显现出各种画面，而且非常生动清晰⑤。

　　之所以称作是幻灯片，灯方面的技术是核心部分。根据记载，早期的幻灯片有很多的名字，包括"影灯""灯下画景"等，每一个名字里都含有灯字，说明这项技术的关键之处就在于灯。当时，并不是依靠电光源进行放映的，而是借助传统的灯照形式。19世纪中后期，《镜影灯说》中对于幻灯技术的核心光源部分进行了大量讲解，书中说明了影戏所用的灯一共有三种不同的形式：第一种为传统的油灯，但是由于放映的效果较差，很快就停止使用了；第二种为石灰灯，在传统的模式上进行了改进，效果更好；第三种为电气灯，但不是我们所理解的电灯，而是利用电气点燃的明火灯，类似于煤油灯，但是性能上远超于煤油灯。⑥随着光源技术的改进，相关的记载也越来越多，其中介绍了影戏中放映的内容，多为各个国家的景色和人文，栩栩如生，惟妙惟肖。不仅是影戏方面，幻灯技术的发展，为我国电影业的发展提供了技术支持，二者的放映原理类似。在影戏的基础上，电影业吸取了先进的技术手段，在光源上做出进一步改进，并且同样可以应用到影戏当中。

---

① 《丹桂园观影戏志略》，《申报》，1887年10月17日，第5版。

② 《影戏灯说》，《格致汇编》，1880年。

③ 《观镜影灯记》，《万国公报》，1876年第419期。

④ 《观影戏记》，《申报》，1885年11月23日，第2版。

⑤ 《外国影戏》，《沪游杂记》，1892年。

⑥ 《镜影灯说》，《中西见闻录》，1873年第9期。

幻灯放映和电影放映的技术原理，主要都是由光源、镜头、图像和接受图像的平面四要素构成。20世纪初期，《东方杂志》中一篇文章就二者的关系做出了说明，文中指出电影与影戏虽然是传统文化和新兴文化的关系，但是在原理上是一样的，并且，电影是依托于影戏产生的[①]。《观美国影戏记》中，对于二者之间的关联和差异也进行了详细阐述，作者介绍了影灯的样式、使用方法，并介绍了其中的灯照原理，以及最后显现出来的景色内容和效果。此外，还介绍了电影技术的出神入化。同时，也指出影灯和电影之间的主要差别在于影灯展示出的形态是静止的，但是电影是动态的[②]。然而，事实并非如此，在电影出现之前，利用幻灯技术就可以放映动态的内容，只需要借助一些手段工具而已。

基于人们的视觉留存原理，使得幻灯技术原理更好被理解。也随着幻灯技术的发展，逐渐地，幻灯放映过程最少可以接受四个图像的玻璃片，这种玻璃载体主要是通过物理作用将影像展示在幕布上。到后期，镜头数量也从单一镜头逐渐发展为双镜头，因此，所展示的图像也更丰富。随着摄影技术的兴起与发展，照片也随之出现，为幻灯放映技术提供了素材支持，也提升了其商业价值。不少著作中都对图像的放映进行了阐述，大体是形容放映机的外观形状、构成部分以及放映原理，也有"能使其物影活泼如生"[③]等描述。《西洋影戏》一文中，对具体的放映方式也做了详细的描绘，"其戏片多运以机巧，可以拨动，故有左右转顾者，上下其手者，无不伸缩自如，倏坐倏立忽隐忽现，变动异常。有人骑一马身向前探，陡然往后一仆，偃卧马背落帽于地，反接两手以拾之"[④]。虽然在一开始，图像的质量远不如现在，但随着技术的提高，幻灯放映应用更先进的原理，推动摄影与电影技术发展，这对人类的娱乐活动和近代化历程都有着深远影响。

[①] 《活动影戏滥觞中国与其发明之历史》，《东方杂志》，1914年第11卷第6号。

[②] 《观美国影戏记》，《游戏报》，1897年9月5日。

[③] 《镜影灯说》，《中西见闻录》，1873年第9期。

[④] 《西洋影戏》，《申报》，1886年7月12日，第6版。

综上，依据大量报刊材料，笔者阐述了西洋幻灯在我国清朝中后期的发展历程，这也是对我国近代社会生活的描绘以及文化发展的有力说明。可以看出，幻灯技术一路走来，越来越精益求精，从摄影、图像、画质、光影效果各个方面，都展现了我国技术和文化发展的历久弥新。康有为曾在《大同书》中描绘他少年时期第一次接触幻灯技术的观感，他在面对"我为何可以感受到远距离的他人的痛苦"问题时，给出的答案是能"见"。康有为说道，影戏的震撼是从耳目开始传到心中。这充分显示了幻灯传递遥远地域景象的重要能力，在此背景下，康有为思考人心相通的条件、不忍之心产生的重要基础和大同世界之间的联系。康有为这类精英知识分子对于幻灯这种虚拟影像技术所带来的震撼感觉尚且如此，更遑论当时那些知识水准远不如他的平民大众。因此，幻灯所带来的视觉冲击对当时的人们来说是前所未有的，一些商家也愿意用较大投资延请摄影师对自己的产品进行拍摄，并花费巨款的技术费用，让播放幻灯的商家在放映影戏之前或之后进行插播。《点石斋画报》中的《影戏同观》展现的图画内容即为活动现场（图2—15）。画面中处于右上方位置的是圆形幕布，隐约显示有地球的形状，在一侧的位置中出现一个人，手中持有长棍进行指点。画面下方是一排排坐在长椅上的观众，进出的位置还有站着观看的群众，妇孺老弱均在观看之列。左上角有几排柜子，可以看到其中陈列着若干仪器和器皿之类。此处，需要强调的内容是在画面左下方，一个站在凳子上的人正在摆弄一个长方形盒子的机器，这个机器就是当时的放映机。

图 2—15　影戏同观 ①

①　林家治：《民国商业美术史》，上海：上海人民美术出版社，2008 年，第 35 页。

值得注意的是，在这一影戏放映后的 1885 年 11 月 23 日，《申报》刊载了一篇《观影戏记》：

> 堂上灯烛辉煌，无殊白昼，颜君方偕吴君虹玉安置机器，跋来报往，趾不能停。其机器式四方，高三四尺，上有一烟囱，中置小灯一盏，安置小方桌上，正对堂上屏风，屏上悬洁白洋布一幅，大小与屏齐。少迟，灯忽灭，如处漆室中，昏黑不见一物。颜君立机器旁，一经点拨，忽布上现一圆形，光耀如月，一美人捧长方牌，上书"群贤毕集"四字，含睇宜笑，婉转如生。洎美人过，而又一天官出，绛袍乌帽，奕奕有神，所捧之牌与美人无异，惟字则易为"中外同庆"矣。由是而现一圆地球，由是而现一平地球。颜君具口讲指画，不惮纷繁，人皆屏息以听，无敢哗者。[①]

根据以上描述的内容可以知晓，放映人员为吴虹玉。上文详细介绍了放映机的使用情况，和图中体现的内容无二。幕布上隐约出现的地球也和图画中的内容一致。近 50 年后《申报》中一篇文章对这类放映有此回忆，"余仍忆及当日之美人捧酒而出之广告"[②]。由此可见，当时幻灯带给这些观影大众的深刻印象，体现出当时酒品广告的成功。

幻灯片和我国传统的戏曲、皮影戏等文化内容相互融合，形成了一种全新的视觉体验。幻灯片使用过程中，主要借助机器和黑暗的环境进行播放，影像内容十分逼真，在短时间内快速变换，能够让观众有身临其境之感。以上内容在《观影戏记》中有所论证，书中说到人们在黑暗的环境中，观影灯忽灭，灯光昏暗不见一物。正是幻灯片的独特魅力，让我们知道了幻灯片和电影的相似之处，即公众放映和黑暗环境中放大影像，从而创造出一种视觉剥夺性极为强烈与震撼的画面，影像内容无比逼真且变换无穷，观众坐在椅

---

① 《观影戏记》，《申报》，1885 年 11 月 23 日，第 2 版。

② 《四十九年前的上海影戏谈》，《申报》，1934 年 3 月 6 日，第 3 版。

子上仿佛观看图像运动。在黑暗的环境中，影像产生无穷无尽的变化，让观众在一时之间对于现实和幻影无法识别，产生一种模糊的感觉。和以往的图像进行比对可知，幻灯与电影都属于一种虚幻的影像内容，在投射过程中，人们观赏的图像并不是真实的物质载体，而是虚幻的内容，存在本质缺席的情况，这也是电影与幻灯的相同点。在很早以前，弗莱伯格就对虚拟一词在原有基础上进行重新阐述，他认为，虚拟已经不仅仅局限于数字技术，还体现在当代图像中，而且其发展历史应该比人类发现得更早，各种各样不依靠物理载体的视觉媒介效果等内容是无法被测量的，人们无法通过肉眼对其真假性进行识别。举例说明，虚拟影像在光学技术领域中体现的是一种视觉形态，不同镜头之下的影像给人的感觉也不相同，属于一种非物质形态的虚拟内容，然而，影像可以被赋予一定的物质载体。幻灯与电影通过银幕向观众展现某种主题的内容，从该层面予以分析可知，虚拟影像和传统意义上的绘画、戏剧等形式似乎存在本质上的差别。观影人员的身体在固定的空间以内，观众观看的影像是虚拟的运动影像。《观美国影戏记》最后发出感叹："如影戏者，数万里在咫尺，不必求缩地之方，千百状而纷呈，何殊乎铸鼎之像，乍隐乍现，人生真梦幻泡影耳，皆可作如是观"。[①]

二、新式技术的前奏

汉斯·贝尔廷将摄影与电影的虚拟性阐发为一种"缺席的在场"，指影像可见/在场，但其所再现的对象却是缺席的/不可见的，图像的出现对目标在本质上的缺席理论进行了证明。影像最为明显的特性就是虚拟性，可以将本来不在场的内容为观众呈现出来。以上理论内容是麦茨电影符号学理论的核心。虽然电影本身具备更为清晰的真实性，但是依然属于银幕中的虚拟影像，因为真实的演员和事物都不在现场，观众看到的是演员的影像分身。

---

① 《观美国影戏记》，游戏报，1897 年 9 月 5 日。

20 世纪 20 年代初期，管际安在《影戏输入中国后的变迁》一文中说："影戏是从哪一年输入中国，我不敢乱说。大约又有二三十年了。不过起初来的，都是死片，只能叫作幻灯。现在还有谁愿意请教？当时却算它又新鲜又别致的外国玩意，看的人倒也轰动一时。不多时活动影片到了，中国人才觉得幻灯没有什么好玩，大家把欢迎幻灯的热度，移到活动影片上去了。"[1]这说明电影与幻灯相比，具有一定的先进性，然而，在实际状态下，社会公众经常将这两者混淆。幻灯的出现相对较早，电影则是应用更为先进的技术形成的一种视觉盛宴。

《味莼园观影戏记》（图 2—16、图 2—17）开篇即说："上海繁胜甲天下，西来之奇技淫巧几于无美不备，仆以风萍浪迹往来二十余年亦，凡耳听之而为声，目过之而为成色者，举非一端，如从前之车里尼马戏，其尤脍炙人口者也，近如奇园、张园之油画，圆明园路之西剧，威利臣之马戏，五加皮酒之告示，亦皆新人耳目，足以极视听之娱。"[2]对于作者来说，从马戏、油画，到西洋戏剧，乃至电影，都是新型的感官娱乐文化的具体种类，越来越奇、越来越神妙。晚清上海的观众是经过培育的观众，他们做好了准备迎接一个又一个的感官新技术。电影呼应而来，实乃一连串现代性视觉观感的顶点。

---

[1] 管际安:《影戏输入中国后的变迁》,《戏杂志》, 1922 年。

[2] 《味莼园观影戏记》,《新闻报》, 1897 年 6 月 13 日。

图 2—16 《味莼园观影戏记》中曾放映的西方人喝酒照①

图 2—17 《味莼园观影戏记》中曾放映的一路皆有美酒招牌的香港街道②

① [德]赫达·莫里森中国照片数据库 https://www.hpcbristol.net/visual/hv11102-057，访问时间：2021 年 3 月 17 日。

② [德]赫达·莫里森中国照片数据库 https://www.hpcbristol.net/visual/hv11102-057，访问时间：2021 年 3 月 16 日。

发掘酒图像的前史，并非仅仅是一种科技史的视野，而更蕴藏着一种艺术社会学视野下的视觉现代性的问题意识。早期，无论是静态图像，如广告画、漫画等，抑或是动态的幻灯、电影等，在描述这些视觉内容和赞叹奇幻逼真的视觉效果之外，也常会对它们所呈现的事物及其背后的技术与原理进行讨论。媒介各别，而人自一体，在娱乐文化丰富的晚清民国时期口岸城市中，早期视觉文化媒介的观众、酒类消费者仍然只是那些画报读者、公园的游览者和各种新式娱乐活动如赛马、马戏等的参与者，当然同时仍是传统的诗酒文人。尽管这一群体无法代表所有的普罗大众，但这一时期的受众也已经在传统的招牌、布幌、幻灯、西洋景、漫画、广告画、照片中培养出了一种酒类图像美学。这一横跨晚清民国时期的关于酒类图像的研究，具有跨时空、跨媒介的基本属性，可以在不同性质的媒介与活动中探究共通而根本的视觉性研究意义。

第三章　近代中国酒类图像中的"新新世界"

　　清朝与洋人的贸易最早是在广州和香港，主要是由于这两个城市的地理位置好，环境优越，物产丰富，适合经济发展。基于这一点，19世纪中后期大部分的贸易都集中于此。上海与苏杭距离近，更加符合洋人对于丝织品的需求，生产茶叶的丘陵地带的交通也更为便利。此外，地处中国海岸线中点的上海，有明显的地理优势条件。清道光年间，很多的洋人涌入到我国，尤其是上海地区。

　　洋人的生活习惯随之带进，包括建筑、饮食、穿着以及西化设备，租界的产生让居住在这个地区的华人看到了不同于传统文化的西方文化和生活习惯。19世纪中期，由于有大量难民出现在上海，上海在相关政策上做出了调整，允许华人在租界租房居住。虽然华洋杂处可能会产生文化的摩擦与冲突[①]，但是另一方面也可以说是因为中西文化交流的机会增加，进而才会导致摩擦。

　　由于生活习惯的不同，饮食上也存在着很大的差异，尤其是食物的种类、做法。因此，刚到中国生活的洋人也面临着很大的生活挑战，并且对中国餐馆望而却步。有个德国人回忆他到中国来经商，初到上海时不敢踏入非租界地区，更不敢进入上海人普遍会去的茶馆。在中国人的餐馆或是茶馆中，气氛热闹，喧嚣扰攘，人们毫无拘束地聊天、听说书、看表演等等。如果在一个聚集了养鸟人的茶楼，可能会听到分不清是哪种品种的鸟鸣，馆内充斥人声、鸟声、表演声，木门纸槅挡不住的街上小贩的叫卖声及车子疾驶过的声

---

① 周武：《小刀会起义、太平洋战事与近代上海的崛起》，《上海社会科学院学术季刊》，1996年第4期。

音。茶馆、酒馆、餐馆构成了国人日常餐饮中十分热闹的场景。

上述中餐馆的气氛是我国近代典型的社会生活的写照，所以不符合洋人的饮食习惯，加之国人对洋人的看法和态度，只要在视线范围内出现洋人，洋人就会成为众所瞩目的焦点。作家韩邦庆在《海上花列传》中，就阐述了国人对洋人的看法，大都以恐惧害怕为主，但也不会一直如此，如果洋人是由华人带领进场，而又能以华人的习惯行事，大家对他的看法就会发生改观。一位美国女性讲述她在婆婆的带领下到上海某家屋顶花园餐馆用餐时，在场的华人无不因为她能够使用筷子而感到惊奇与欢欣。这位女性还提到，中国人很喜欢看到外国人惯于他们的风俗，而她的婆婆也因为她能够使用筷子而感到相当骄傲，当场大声宣称这个媳妇是从美国嫁来的。一开始到中国的洋人很难一下子就接受中国菜，就如同中国人一开始也吃不惯西餐一样。在这种情况下，西餐馆便应运而生。

西餐馆的出现，也标志着在中国人的地界里出现了一种新的事物或空间，这种新的空间也塑造了中国人的"新新世界"，自此，在这一空间中上演了诸多新故事。

第一节　近代中国酒类图像中的"新生活"

一、西餐馆的酒类消费图像

在很早以前，就有洋人来到上海生活，其中有很多都是餐饮工作者。比如曾经出现在登记册上的就有外国人的名字，并且从事的是面包产业，这说明当时便已有了西式的餐点供应。由登记册记载的地点来看，开埠初期洋人不仅带入了单纯用餐的西餐馆，而且包含了各种餐饮空间，如酒吧、咖啡馆，或是结合了娱乐、交际功能的俱乐部[1]。不同营业项目所缴纳的税也不同，但

---

[1]　郑祖安：《开埠初期上海英美租界外侨的一些情况》，《史林》，1996 年第 3 期。

是单一餐馆所提供的服务可以是复合式的，如果一个西餐馆兼营舞厅或是旅社，那么，它就必须依照等级缴纳餐厅税之外的费用。以前的西餐馆并不完全是单纯的餐馆，同时兼有娱乐活动，可以打球、玩牌，这种餐馆是属于较自由的，每次缴费一定额度，便可以自取饮食。一般到上海的外国人都会选择加入某个俱乐部，难怪上海有许多这样的俱乐部，如上海跑马总会有个半个网球场大的咖啡厅，墙壁上还有砖砌的壁炉。

不论是有着巨大壁炉的咖啡厅，还是长吧台的酒馆，对于中国人来说都是新兴事物。葛元煦在清朝后期到上海参观，他对洋文化、洋事物都感到很新鲜，并有此描述：

> 外国酒店多在法租界，礼拜六午后，礼拜日西人沽饮，名目贵贱不一，或洋银三枚一瓶，或洋银一枚三瓶，店中如波斯藏，陈设晶莹，洋妲当炉，仿佛文君嗣响，亦西人取乐之一端云。[1]

由此可知，洋人的休息时间在周六、周日，他们会到酒店游玩。而外国酒店多设在法租界，店中排列着晶莹剔透的酒瓶，不同种类的酒价格也不同，并且价格差距很大。葛氏同时也注意到了女性服务生，对当时的社会来讲，服务行业出现女性，也是很新奇的。由于女性服务生更具有观赏性，而且服务细心周到，所以吸引力很大。

王锡麟也在《北行日记》中提到他在徐家汇游玩的情景。当时的徐家汇属于法租界，盖了几栋洋楼作为酒店。这些洋楼的外面都有个庭院，种了不少花木。当王锡麟经过一个庭院时，看到两个洋人女性正在庭院中吃饭谈话，在好奇心的驱使下，他想进入这个酒店一探究竟，但却来了个园丁以为是误闯，阻止他进入，当他表明自己知道这里是外国酒店，想进来试试洋酒，园丁这才放他进入。外国餐馆的洋楼与装饰摆设不仅使他耳目一新，洋人女性公开在此宴聚也同样吸引了王锡麟的注意。因此，他在描写所见人物时，除

---

[1]　葛元煦：《上海繁昌记》，台北：文海出版社，1988年，第142—143页。

了阻止他进入的园丁外,就是宴聚的洋人女性了。对于王锡麟来说,洋人女性的角色并不仅是这空间中的性别,也带有文化的意涵。第一,他难得看到金发碧眼的外国人,因此带着惊奇的眼光在观赏一个新奇的事物;第二,女性在酒店中出现,吸引了他所有目光,以至于他没有再提及其他人物,这也直接反映出了当时的女性地位。受中国传统文化观念的影响,看到洋人女性和中国女性的地位差别如此不同,王锡麟很是震惊。

酒店中出现洋人女性会如此引起华人注目,是因为当时中国的茶馆酒楼,顾客基本都为男性,就算有女性来往,也大多是勾栏瓦舍的女子,并非寻常的女性。就因为这一点,上海曾经严禁女性出现在公共场合。女性连自由出入这种场合的权力都没有,更不要说作为服务人员了。但是在很多西餐馆中,都会出现女性服务者。这种西方冲击难以被严守男女之防的中国礼教观念所接受。因此,女性服务员便成为西餐馆的一大特色,如杨勋在《别琴竹枝词》中特别指出:"年终别席不胜忙,且喜东家考姆桑,悄悄哑兵吃冷笼,福林碎有女跑堂。"[1]在搜罗奇特现象绘制的《点石斋画报》中,也同样以惊奇的眼光来记录此事。

中国的传统不允许良家妇女出现在公共场所,特别是茶馆酒楼,西餐馆内的洋人女性也难免会受到不公平的看待。但是对于洋人来说,和妻子一起共进晚餐是很正常的。男女主人在西餐馆用餐,讲究礼仪规范,并享有同等的地位。在用餐时,夫妻都会坐在同侧的相邻位置,其他的客人按照相应的位置落座。这种景象也逐渐地影响了中国人的观念,经过长时间的发展,女子在餐馆中出现已经是司空见惯了。

同样,饮食结构也发生了变化,不管是中餐馆还是西餐馆,食物种类都增加了品种。中餐馆根据不同地区人群的口味,增加了很多种菜系。西餐馆也增加了不同国家的菜肴,可以满足来自不同国家人们的饮食需求(图3—1)。但是在价格上会偏高一些,并不是所有人都有能力消费。

---

[1] 顾炳权:《上海洋场竹枝词》,上海:上海书店出版社,1996年,第34页。

图3—1　近代洋华混杂的西式酒局[①]

　　每逢周六、周日，洋人经常会通过聚餐、喝酒的方式进行娱乐。因此，餐馆的性质也发生了变化，并不只是单纯的用餐地点，更是娱乐的场所（图3—2）。比如，西餐馆会提供一些棋牌、球类的娱乐活动，如遇特殊情况，可以向餐馆预定，餐价另算。一般情况下，餐馆会以某种固定的菜系作为主要招牌。顾客基本为洋人，虽然偶尔也会有富有的华人前往进食。国外风味的菜肴与中国人的口味多有不合，平时吃食丰盛的富人，却对外国餐馆的奇特菜肴感兴趣。很多人嘲笑这些富人，盲目地崇尚西餐，对于奇怪的食物却感觉美味异常。刘豁公认为这似乎并不只是吃美食，而是一种身份的象征。

---

① ［德］赫达·莫里森中国照片数据库 https://www.hpcbristol.net/visual/hv11102-057，访问时间：2021 年 3 月 15 日。

图 3—2　上海德国总会酒吧[①]

自从洋人出现在上海地区，西餐馆也越来越多。开办在 19 世纪后期的密采里为一家法国饭店，在当时可谓是名声大噪，而且消费水平极高。同时期设立的还有宝德、礼查等，当然，这些餐馆都是由洋人负责的[②]。一家名为宝德的西餐馆，位于英国租界的南京路（现南京东路），营业时间长达 46 年，一直到 1926 年才结束营业[③]。礼查是一位美国船长在英国租界所创办的供膳公寓，由两幢分别为三层及四层的建筑组成，中间连接着长长的走廊，用餐的地方便在两幢建筑物中间的庭院。由于创办人及经理都是担任过船长的人，因此，礼查建筑就像是一个改造过的船舱。

虽然密采里被称为是上海第一家西餐馆，然而，以西菜、咖啡馆闻名的法租界早在 1869 年 4 月 14 日便制定出了咖啡馆与酒馆章程，由此可见，西餐馆在上海租界开设的时间绝不会晚于 1869 年。依照规定，咖啡馆或是酒

---

① ［德］赫达·莫里森中国照片数据库 https://www.hpcbristol.net/visual/hv11102-057，访问时间：2021 年 3 月 12 日。

② 顾炳权：《上海洋场竹枝词》，上海：上海书店出版社，1996 年，第 190 页。

③ 马长林：《老上海行名辞典》，上海：上海古籍出版社，2005 年，第 328 页。

馆要营业，必须在每月的 15 日提出申请执照并缴 15 元，执照仅能由申请人使用，权利不能转让或出卖。关于产品的标准也是相当严格，食品的质量要达标，不能出现质量不合格的食物，一经发现，需承担相应的法律责任，并且不能继续营业。店中的规章制度也很严格，而且必须要服从辖区警察的管理，如有特殊情况，需要向上级部门申请许可，并按照流程办理手续。而店家也必须在太阳下山以后在门口点灯照明，直到营业结束才可熄灭。这样的规定沿用到 1909 年，公董局再度重申沿用，每个月的税金却不断地在上涨，到 1937 年，咖啡馆的税金已经细分为四个等级，最高等级的税金高达每月105 元。[①]

法国人开设的麦瑞糖果公司，原以糖果著名，后来也兼卖西餐，价格较为昂贵。同样为法国人所开设的老大昌洋行，以鲜奶蛋糕著名，贴心的服务也是吸引顾客的重要原因，点冰激凌的顾客都会附上一杯冰开水以解甜腻。上海中产阶级所喜爱的乐乡饭店，最开始是中西合办的餐馆，后来变成华人独自经营。菜系属于法式料理，价格高于很多的餐馆，也正因于此，很多人都没有能力消费，顾客群体很少。还有其他的中西合办的西餐馆，主要服务于企业的员工，比如邓脱摩西餐馆。荷兰村大菜馆（静安路斜桥总会附近）为荷兰人所设，专售荷兰菜，主要提供咖啡与西菜。大沪饭店是由麦边花园所改建，原为麦边的宅地，后由英国商人接手，将一楼改建成西餐馆暨舞场，地板光亮，并且设有乐队演奏，午餐时段还有表演，曾风靡一时，成为上海最受欢迎的高档饭店。虽然大沪饭店红极一时，却于 1930 年被拆除。这一时期，由洋人所带来的新鲜事物让当时在上海的中国人大开眼界，不仅仅是吃西餐、喝洋酒、品咖啡，更多的是一种新式生活的到来。

此后，由意大利人路易·罗威与法籍妻子共同经营的罗威饭店是从1935 年开始经营的法式西餐馆。罗威原是礼查的侍者，妻子则是礼查的顾

---

① 《1909—1942 年法国公董局咖啡馆及酒馆章程（税则及规定营业时间等）》，1942 年，上海档案 U38-4-2080，上海市档案馆藏。

客，二人交际甚广，时常出入法国总会、各高级饭店等处。他们在结为连理以后，一同开设了罗威饭店，位于霞飞路 975 号，一、二楼作为餐馆，三楼为住所。餐馆内部的整体环境好，可以容纳几十人同时用餐。招牌菜都很有名，有烙锅牛、洋葱汤、芥末牛排等。而且罗威饭店的酒水销售堪称一绝，远近闻名，因为菜式佐酒，所以这家饭店中的红酒、香槟甚至是白酒的销量一直高居当时上海各式酒店前列。并且该店经营者很善于结交人脉，这也有利于生意的发展。随着规模的逐渐壮大，经营者在上海又开设了罗威别墅（图 3—3），在夜花园广受欢迎之际，罗威别墅吸引了更多有车阶级的消费者。

图 3—3　罗威别墅吧台照 [①]

[①]　台湾大学老旧照片数据库，https://dl.lib.ntu.edu.tw/s/photo/photo?csrf=d67789cab76646abfa3ee683-2f6250493127133c9a8cf93888411ef7&q=%submit=，访问时间：2020 年 12 月 21 日。

二、西餐馆的中式消费填充

受这些西餐馆的影响，一些华人厨师或经营者在西餐馆工作后，结合本身处理中式餐点的经验，纷纷独立开设了中西结合的番菜馆。除了一品香外，还有多家番菜馆逐渐开设，如一枝香、一家春、江南春、吉祥春、倚虹楼等等。有些是经营者熟悉了西餐馆的经营模式以后，也自己另外开设的西餐馆，如一江春便是倚虹楼内的厨子开设的。有些番菜馆因为名气响亮逐渐发展出较独特的经营模式，如一品香与一枝春喜欢做大宗或是熟客的生意，不喜欢不太熟悉的客人光顾，如果只是不熟的顾客，招待会有所冷淡，未能尽如客意[①]。这些番菜馆为了迎合华人的口味，在烹调方式上，以中式烹调为主。虽然是中式烹调，却使用新的酱料，譬如奶油，并且使用刀叉等西式餐具。如此一来，让番菜馆广受欢迎的同时也令其饱受批评，不喜欢这种"不中不西"方式烹调的人为数不少，一边批评一边上西餐馆的也不无其人，如包天笑便是一例。

包天笑，1876 年出生于江苏，本名清柱，后改名公毅，号朗孙、包山，曾用笔名甚多，有吴门天笑生、天笑生、天笑、笑、秋星阁、钏影楼、余翁、且楼、染指翁。他在上海文坛相当活跃，著述丰富。由于他的工作地点在福州路，因此，他时常在这一带活动，福州路也是番菜馆相当兴盛之处。虽然他认为这些番菜馆的菜肴，不过是假英法大菜之名，行中菜之实。然而，他的足迹仍经常在粤式番菜馆中出现。他最常吃的一道西菜名叫"红酒青果煨水鸭"，倒不是包天笑认为此菜肴特别美味，而是他觉得这菜名取得极有诗意。包天笑第一次踏进的西餐馆是一家位于黄浦江畔的西餐馆，10 块大洋的西菜在当时的上海算是最昂贵的西餐，他却认为不值五分钱，滋味与一般人家中的马铃薯炖猪肉没有什么区别。

吃大菜不仅为填饱肚子或品尝美食、赏味美酒，在当时还成了一种新兴的都市休闲娱乐，更是一种摩登的表现。一个富有的男性在番菜馆宴请客人，

---

① 陈伯熙：《上海轶事大观》，上海：上海书店出版社，2000 年，第 86 页。

可以展现自己的阔绰。闲暇时也可以带着妻子儿女，开着汽车兜风、看电影、吃大菜、品美酒。一个富有的女性平时除了打牌以外，也会与女伴相携出游，相约吃大菜。有的游乐园也备有中西大菜，只要用餐，游资可免，如云外楼用餐五角以上就可免游资。

西餐馆更是男女恋爱的场所，因为在西餐馆饱食一餐并不便宜，可以显示人们对恋情的重视。王定九在《恋爱的门径》一文中将恋爱分为多等，"精神恋爱"是属于最高尚的一类，如果对象是大家闺秀或是知识分子，那么，要谈高尚的恋爱就得上高尚的场所。因此，约会的地点就不外乎公园、电影院或是西餐馆，绝对不能到中餐馆。

吃大菜在上海盛行之后，初到上海的人便以能吃上大菜而自豪，在荷包允许的情况下一定会到西餐馆去体验一下[①]。初次吃大菜的人，常会闹笑话，除了不会点菜以外，连刀叉也不会使用，甚至将红酒、啤酒（图3—4）等当成入不了口的苦药，这在已经熟悉西餐的上海人眼中，自然是笑话一桩，讥笑这类人为"阿木林"。阿木林一词来自吴兴语中"呆大"的转音，是形容懵懂呆笨、冥顽不灵之人[②]，后来专指都市中的乡下人。阿木林到都市是趣味横生的题材，受到作家的喜爱，阿木林上西餐馆更是糗事一箩筐。

---

① 包天笑：《钏影楼回忆录（上）》，台北：龙文出版社，1990年，第37页。

② 徐珂：《清稗类钞》，北京：中华书局，1986年，第2229页。

图 3—4　20 世纪上半叶在上海等地区西餐馆、番菜馆中流行的洋酒[①]

《上海阿木林趣史》写道：阿木林拜访开洋行的表弟，这表弟便带他到一品香吃大菜，洋人服务员见到是有钱人上餐馆便左吹右捧地希望顾客多点些菜，牛排、烤鸡、火腿兔丝、玫瑰面包等都是一品香的招牌菜，推荐的酒也是价格较高的洋酒。饥饿的阿木林找不着筷子吃饭，便用刀子吃起饭来，吃得满嘴是血，原来是他把刀子叉着肉直往嘴里送割破了嘴，发现自己满口鲜血的阿木林怪罪洋人服务员不将筷子送上，却不知道番菜馆中不提供筷子。没吃过西餐的阿木林虽然知道西餐最后是酒水饮料，但是没见过西式酒水的阿木林竟然将清水当成白酒。

虽然番菜馆比洋人开的西餐馆便宜，但是琳琅满目的菜色，对于不懂点

---

① 台湾大学老旧照片数据库，https://dl.lib.ntu.edu.tw/s/photo/photo?csrf=d67 789cab76646abfa3ee683-2f6250493127133c9a8cf93888411ef7&q=%submit=，访问时间：2020 年 12 月 25 日。

西餐的人来说，仍旧是一大麻烦。尽管在番菜馆中不那么讲究用餐礼仪，却也发展出一套点菜哲学，必须注意"干""湿"，不懂这套点菜哲学的人恐怕也会在番菜馆中被取笑。为了避免点菜的麻烦，番菜馆开始推出"公司菜"，省去了顾客点菜的麻烦。此种餐点最先由广式的番菜馆推出，直接分配菜色，不需顾客担心，而且价格要比点全餐便宜，一客仅需五角到八角，午餐价格约比晚餐低十分之二至十分之三。每客餐点皆附咖啡，并不特别附记在菜单上，用餐毕即送来，如要加点水果则需另外付费。公司菜符合了想尝试西菜，但因价格或是不懂菜单或点菜方式而怕闹笑话之人的需求。公司菜连菜色都是以中菜的方式标明，但是因在环境甚为雅洁的西餐馆中用餐而广受欢迎。

　　尽管华人认为西菜不甚美味，但是因其价格不菲，又是西洋文化的一部分，使得吃西菜成为一种风尚。然而在不尽符合华人饮食的要求下，以华人为主要客源的番菜馆便推出一种"不中不西"的改良式菜单以吸引华人长期消费。这虽致使在上海的洋人也吃不惯华人的番菜馆，但番菜馆的数量逐日增加，让饕客有更多用餐的选择。虽然番菜馆的出现与发展可以笼统地归因于西洋文化的影响，然而西洋各国文化仍有差异，对于华人番菜馆的影响也不完全相同。由于英国租界设立较早，在各国旅居人数当中也占最多，知名的西餐馆礼查、密采里等也多在英法两租界中，因此，华人多将番菜馆开设在英国租界内的四马路附近。第一次世界大战以后，法租界的俄式餐馆急速增加，俄式菜的引进让番菜馆内的餐单增加了选择性，尤其是牛肉汤，又称罗宋汤，很受欢迎。英法式的牛肉汤讲究汤的浓郁，强调细炖，不在料的多寡与食用，然而俄式罗宋汤不仅料多味美，而且价格便宜，成为俄式菜肴中最著名者。俄式冷盘类也截然不同于英法大菜中常见的炙烤方法。不论是冷盘或是牛排、猪排、罗宋汤或是英国鱼汤、法国牛尾汤，都依据华人所自创的"干"与"湿"的概念去调配，因此，不管是挂上"英法""美式"或是"俄式"，在餐单上并没有太严格的限制。顾客对于番菜馆中的西菜是否正宗相当清楚，最重要的是华人愿意光顾并接受其口味。更有甚者，或是以地方惯用的名称来命名菜名，如广式的番菜馆，猪脚必称猪手，牛舌必名牛脷。梁实秋形容上海"这种中国式的大菜，是以中国菜为体，以大菜为用，闭着眼睛嗅，喷香的中国菜味儿，睁开眼睛看，有刀有叉有匙，罗列满桌"①，可称妙极。

恰如一位具名不详的剧作家所言，西餐馆、番菜馆的出现让中国人改变了自己的饮食习惯和生活习惯，让中国人不仅增加了饮食的选择，更让那些好酒之人能在品尝异国风味之余增添饮酒的心情与乐趣②。

第二节　近代中国酒类图像中的"新空间"

一、变化的建筑形态

对于正在学习西洋文化的华人来说，西餐馆就如同一个洋人生活展示馆，洋人在这样的公共场所对顾客展示他们的生活方式，里面所贩售的不仅是西方的食物，更是西洋文化。西菜固然可以用中菜的方式来烹调，但是西餐馆内的建筑和摆设与中餐馆却有明显的差别。在饮食的口味上，西餐与中餐有相当大的不同，虽然吃西菜后来形成一种风尚，但最初华人并不能适应洋味。尤其在上海，餐饮的种类丰富，经过比较以后，西菜的评价并不如中菜高。坊间介绍西餐馆的指南书则多指出西菜与华人口味不合，除非海外归国华人，否则一般不能习惯。吃大菜仅是一种流行风潮，因此，西餐馆的饮食内容大多采录了华人所开设的西餐馆的菜单。

中国人对西式餐饮的追求不是美味，而是由空间表现出来的富丽，从提及上海饮食的相关作品来看，西餐馆的建筑与摆设（图3—5）反而是最能引起中国人注目的部分③。顾炳权曾描述他所见到的西餐馆的摆设是如何的引人入胜，西餐馆中灯火通明，旁边摆着正在转动着的风扇，长桌上的玻璃餐具剔透晶莹，刻着细致精巧的图案，有正在飞翔的鸟或是水中游鱼，经过灯

---

① 梁实秋：《雅舍谈吃》，天津：天津教育出版社，2006年，第160页。

② 佚名：《西式美食的品位》，《立报》，1936年3月17日。

③ 徐珂：《清稗类钞》，北京：中华书局，1986年，第6237页。

光的折射，五颜六色，灿烂如水晶，将餐桌点缀得富丽堂皇。桌上铺着纯白桌巾在西餐馆中呈现出洁净形象，桌面摆着镀上金银的餐盘与鲜花，酱汁也由专门的小瓶装着，摆在一旁可以随时取用，餐盘上有各式的佳肴，牛肉、猪肉还有饼让宾客大快朵颐。①《海上花列传》中屠明珠为了在书寓中食用西餐，自行设置了一个专门用西餐的场所。刷粉的墙壁上挂着素面的布幔，内有铁制的家具与玻璃镜，访客见之，恍如梦幻水晶宫一般，餐桌上铺着洁白餐巾，台上则放了两盏雕花彩色玻璃罩灯，还有刀叉、调味小瓶、玻璃杯，并且用洋纱手巾折成花朵插在玻璃杯内，食物则都是由国外运送到上海，用高脚玻璃盆装着，美不胜收。②一般来说，小型的西餐馆，如果装潢摆设得不够富丽，虽然美味，仍旧不及大型西餐馆受欢迎。

图3—5　华丽的西式酒宴摆设 ③

　　西餐馆的建筑外观是与中国庭院楼阁建筑完全不同风貌的洋楼，在空间

① 顾炳权：《上海洋场竹枝词》，上海：上海书店出版社，1996年，第131页。
② 韩邦庆：《海上花列传》，台北：三民书局，1997年，第182—183页。
③ 台湾大学老旧照片数据库，https://dl.lib.ntu.edu.tw/s/photo/photo?csrf=d67789 cab76646abfa3ee683−2f6250493127133c9a8cf93888411ef7&q=%submit=，访问时间：2020年11月29日。

建构上也不同。张氏味莼园中有各种不同的餐馆，既有西餐馆的洋楼安凯地厅，也有中式的楼阁。安凯地厅装设着玻璃大门，门上面的窗户镶着各式花样玻璃，偌大的长方形空间，排列着拱形的窗户，上面装有罗马帘。

不论是电灯、玻璃器具，还是桌上的菜肴，餐馆里面任何一个西方事物都构成西方符号，莫不因其西方的形象而与整个空间结合，共同组成不可切割的整体，形成明亮、干净的感觉。由于西餐馆的布置与中餐馆截然不同，即便是中式的西餐烹调，也可以借由空间布置以及器具的使用，让顾客仿佛置身于国外。因此，就算顾客口中吃的是中餐，也因为身在西餐馆的缘故，将鲍鱼、燕窝当作西餐来享用。除了在文学作品中所谈及西餐馆的场景以外，在民国时期拍摄的电影中，也可以发现咖啡馆或是模拟西餐馆的场景，通常布置有纯白桌布、方桌、鲜花。如电影《桃李劫》[①]中描述中学毕业当天，校长宴请优秀的毕业生，校长室摆了一张铺着洁白餐巾的长桌，桌上摆着食物及咖啡，各个学生谈论自己的抱负与理想，这种依照咖啡馆建构的空间形象，加强了对话的内容与功能；相反地，谈话的内容与个体的身份也加强建构了这样的现代空间感。又如电影《都市风光》[②]有咖啡馆一景，服务生都是穿白色中山装的男性，仅有女主角与助理的桌子为木头制，未铺上桌巾，其余皆铺上白色桌巾。每张桌面上都摆了花瓶，插上几朵康乃馨。此外，一些电影已经有相当程度的商业化，西式酒水也会通过这些电影来进行宣传，例如一些葡萄酒就在不少电影中亮相（如图3—6）。由电影所表达的意象来看，咖啡所营造出来的空间是代表新事物以及现代化的形象，除此以外，女主角本身即是追求摩登的女性，不仅在服饰上，在饮食与娱乐上也都以新潮为标。因此，西餐馆变成一个展示摩登空间形象的代表。

① 1934年拍摄，由袁牧之编剧，应为云导演，袁牧之、陈波儿主演，电通影片公司出品。
② 1935年拍摄，由袁牧之编剧、导演，蓝萍主演，电通影片公司出品，为中国第一部音乐喜剧。

图 3—6 民国系列电影《王先生》中的葡萄酒及其广告 [1]

二、西化的消费人群

尽管西餐馆在上海与各种空间结合，如俱乐部或舞厅，但是其基本摆设似乎并没有太大的差别，主要呈现的都是富丽堂皇的空间。西餐馆中的布置不仅带来洁净与现代化的感觉，也触发了在这个空间所产生的各种情感：透过玻璃窗，人们可以清楚地观察过客，却因为不是直接的接触，而让观察者有安全感。玻璃窗仿佛是一道透明的墙，不论是墙内还是墙外，都成了观察者与被展示者。张若谷写道，他喜爱透过咖啡馆的玻璃观察街道上来往的行人。穆时英提及孩童们透过玻璃窗观赏着咖啡馆帷幕下那一双双男女的脚，如同旁边的行人对橱窗中的商品一般地评论着。[2]

---

① 图片来自：张裕酒文化博物馆。
② 穆时英：《街景》，《上海的狐步舞》，北京：经济日报出版社，2004 年，第 166 页。

有的西餐馆、酒吧还提供特别的空间，例如包厢或是隔间，使消费者可以在一个公共空间内拥有独立的私人空间。隔间虽然不如房间一般有完全的隐秘性，却也将空间单独切割出来，在这空间中，男女可以尽情调笑而不必顾虑他者的眼光。隔间除了建立起公共场合的独立空间，同时，也建立起社会规范所触及不到的私人领域。这也就是为什么虹口区的公咖、西餐馆成为人们喜爱聚会的地点，不仅是因为这些人都居住在这条路上，其中一个原因是二楼有许多个隔起来的小房间，大约可容纳十二三人，这虽然不是密闭式的空间，却也方便谈事。

西餐馆的空间布置因为需求的多样化逐渐改变，刚传入的西餐馆是富有及现代化的象征，只要有钱，即便不是王公贵族也可以消费，没有身份的富人可以在这里进行包装，不仅可以展现财富，也强调他们吸收西洋文化。然而，当西餐馆越来越多，更多人可以到西餐馆用餐，尤其是白领阶层。

既然咖啡馆、西餐馆或是舞厅是摩登男女出没的地点，而上述地点又是现代都市生活的产物，也就成了作家笔下时常描写的题材，穆时英曾描写在夜总会的女人宴食场景。而在咖啡馆中的女性，不仅可以展现其摩登以及优雅的姿态，更能展现其智慧。

女子不是一个倾听者的角色，而是一位诉说者。西餐馆中的女子接受过西洋文化熏陶，其智慧不亚于男子，也不再是传统中国妇女的温良形象。事实上，在这样的公开场合阔谈自己想法的摩登女子并不只出现在文学作品中。张爱玲与其友人便时常出现在西餐馆中，张爱玲总是点了蛋糕再多加上一份奶油，与友人谈论对各种事物的看法，从男女之间的吻、异国婚姻到老太太的碎花衣服等，无所不论。而马国亮也曾到过一家西餐馆，是由两个女大学生开设的。

上海的摩登男女喜爱上西餐馆是因为西餐馆所代表的西方意涵，而在西餐馆的空间中，仿佛身处异国。西餐馆的空间，加上咖啡馆外上海独特的时空背景，很容易让人怀疑自己身在欧洲。吴强忆及1929年他第一次踏上满是西餐馆的霞飞路时，对霞飞路的第一印象是"洋街、洋道"。而介绍上海旅居的英文指南里也表明了虽然上海大部分的人口仍是中国人，但是上海并不是真正的中国。可以想见，上海洋化程度之深，这也让上海成为见识西洋文化的窗口。张若谷等人认为在上海拥有多个外国租界的环境下，极有条件引进西方真正的生活方式。

做生意的洋人、冒险的洋人，以及逃难的洋人，使上海变得洋味十足，并且成为中国追求西化的演示舞台，以往文人笔下的茶馆与酒楼被西餐馆、咖啡馆、酒馆、电影院等现代都会产品所取代。然而，上海的这类"新空间"却终究是上海的，未能成为张若谷等都市作家心目中巴黎的空间。从这一视角来看，西餐馆不单纯是一个体验不同文化的地方，它也会随着上海的环境而有所改变。

在近代上海社会，广告通过赋予商品符号价值、制造神话情境，促使上海市民进行身份认同。让·鲍德里亚说："人们消费的从来不是物的本身，而是把物用来当作能够突出你的符号，或让你加入更为理想的团体，或参考一个地位更高的团体来摆脱本团体。"[1] 也就是说，人们购买商品主要不是为了实际使用，更多的是一种符号显示，我能买得起这个商品则意味着通过购买这一商品的符号意义，让自己进入到一个处于较高社会地位的团体之中。同时，对高档商品的购买，也是使自己摆脱一个低位团体的过程。近代上海，大量人群集聚于此，个人在组成人员复杂的社会中被湮没，个人身份难以得到重视，个人意识难以得到表达。于是，个人的身份需要通过消费行为、生活方式、言谈举止等外在行为来表现，而不是经过传统的血缘、出身、家族来证明[2]。消费因此成为唤醒市民意识的重要方式，成为个人展现个性、表达自我的重要方式。

而西式酒馆这类新空间的出现，在上海市民建构身份认同中起到了重要的作用，无论是在这一空间中出现的饮食、服饰、汽车、香烟、酒水，实际上都在宣传某种特定的符号价值，在近代上海社会充当着"识别系统"的

---

[1] [法]让·鲍德里亚：《消费社会》，刘成富、全志钢译，南京：南京大学出版社，2000年，第48页。

[2] 董倩：《消失的陌生人：〈新民晚报〉与上海日常生活空间中的社会交往（1949—1966）》，《新闻与传播研究》，2015年第5期，第101—119页。

角色。上海市民通过对不同品牌商品的选择和消费，来进行着自身的身份认同，凭借他们消费的物品而得到某种程度的辨认。"我是谁""你是谁""他 / 她是谁"，均可以通过日常所消费的东西以及消费的方式而大概了解。诚然，这会在一定程度上导致炫耀性消费行为的滋生，但这也唤醒了社会中的市民意识，促进了市民对自我身份的认同，增强了个人的自信心。

第三节 近代中国酒类图像中的"新礼仪"

一、酒席的设置

洋人的饮食方式，从食材的引进到烹饪环境的要求，再到对用餐氛围的重视，中国人对此均感到耳目一新。西餐馆在当时属于高昂的消费，一般民众可望不可即。西方餐饮的许多规矩，也令吃得起西餐的中国人怕闹笑话而望之却步。也正因如此，很多爱吃西餐的人并不会选择正宗的西餐厅，而是到可以提供西餐的民族餐厅用餐。

用餐还牵涉到礼仪的问题。洋人的餐桌是方形的，无法呈现传统中国座次的尊卑，是一套与中国迥然不同的礼仪。主人坐在中间，而宾客分坐两旁。出席西餐场合，女伴的出场率和地位都是极高的，可以做到男女平等。这样的场景对于外国人来说是再正常不过的，但是当时很多中国人不理解。

在西餐宴会上，座椅摆放的方式是不同于我国的（图3—7）。根据用餐规则，男女主人坐在餐桌的两端，剩下的客人，依据其自身的重要性分别位于餐桌的两侧。两侧的位置也有具体讲究，从女主人右手起，是最主要的位置，留给最重要的客人；左手第一个位置是第二主要位置。然后是男主人的右手侧位置，最后是男主人左手侧位置，留给一般的客人。在两旁之中间者，则更次之。如果宴席上只有一个男主人或是女主人，那么，这人右手最近的位置就是宾客的首要座位，其次是主人左手最近的位置，并依次向下计算。

西方的文化习惯里并不限制女性出现在这样的场合，洋人女性也时常到这类的公共空间去用餐、游玩，如前述葛元煦在酒店看到洋人女性聚餐。

图 3—7 《点石斋画报》上中西式酒席的对比 ①

西餐馆对环境卫生格外注意，在用餐细节上，餐具的摆放也有所讲究。众所周知，西餐的餐具是刀叉而非筷子，在这一点上，就引起了很多人的好奇，尤其是上海当地人。如《点石斋画报》在描绘《日使宴客》《西妇当炉》等西餐宴会的场景时，会在餐具部分重点描述，尤其是刀叉的使用方法，哪只手应该拿着相应的餐具。除此以外，用餐的礼仪也是很重要的，如果停下来或者直接用餐完毕，餐具也应该按照相应的规则摆放。服务人员也是根据这一标准来判断什么时候该进行哪种服务。摆在西餐桌上的调味瓶也使中国人用餐时感到新奇与困惑。精致小瓶装着各种调味料，如盐巴、胡椒粉或是其他酱料，使不知如何使用的中国人常闹笑话。尽管到了20世纪20年代，上海人仍旧对桌上的精致小瓶感到困惑不已。颜显庭经常

① 林家冶：《民国商业美术史》，上海：上海人民美术出版社，2008年，第83页。

上西餐馆去用餐，总是可以看到对这小瓶应付不暇的客人手脚慌乱[1]。

西餐的另一特点是餐后点心与咖啡，甜点常是布丁，有多种口味，其中不乏由淀粉类的食材做成。吃过甜点以后，以一杯咖啡或者其他酒水饮料作为餐饮的结束，这种套式也成为上海西餐的习惯，不论是洋人或是华人所开设的西餐馆，咖啡或相应的酒水饮料成为西餐不可或缺的一部分，这都反映在其菜单上。1943 年上海西菜业同业公会公布西餐的标准菜单，将西餐分为午餐与晚餐，午餐价格分两种，差别在于前菜的沙拉与果盘之分，晚餐价格亦区分为两种，较午餐多了一样肉类，基本的标准组合为汤、菜、点心、咖啡或酒水饮料，但如果是点的非标配酒水，则需要额外增加一部分费用[2]。在 1948 年 2 月 27 日西菜同业公会讨论餐价的会议记录中，记载着到西餐馆不论是单点或是点套餐都会在餐后附赠一杯咖啡或在餐前配一杯开胃酒，足见西餐与咖啡、酒水之间密不可分的关系[3]。

此外，奶油、牛肉或是番茄等是西餐馆中经常使用的食材，牛肉一项虽然在上海不禁食，但食用者少，自洋人进入以后，食牛肉配酒者也日渐趋多。这让开始尝试西餐的上海人也食牛肉，风气越趋兴盛，甚至被冠上有"补心"功能之说。在烤炉的使用下，西菜给人最大的印象是香味满溢，并且经由一套固定的程序上菜，洋酒虽然让初饮的华人苦不堪言，却令他们印象深刻。卫生观念也开始影响华人，由于卫生与健康的观念紧密相连，因此，一般家庭的厨房也开始要求保持清洁。

国人从接触洋人的饮食方式到学习西方物质文明，从厨房所用炉灶到餐厅的建筑与摆设，开启了中餐馆学习西餐馆的模式，新雅茶室的成立便是一显著的例子，这是一所咖啡馆化的粤式茶馆。妇女的公开出入与餐饮卫生观念的建立也打破了中国的旧传统，西餐馆中时常可见公开约会及跳舞的男女，女性招待更能招徕顾客。

---

① 蒋为民：《时髦外婆：追寻老上海的时尚生活》，上海：上海三联书店，2003 年，第 95 页。

② 《上海特别市西菜业同业公会通告》，1943 年，上海档案 S325-1-27，上海市档案馆藏。

③ 《上海市西菜业同业公会菜价讨论会记录》，1948 年 2 月 27 日，上海档案 S327-1-27，上海市档案馆藏。

二、社会交际的新选择

在被西方文化影响的大环境下，很多上海本地的市民对西方的物品、饮食、文化都越来越推崇。在日常生活中，早餐的结构也发生改变，欧式早餐逐渐取代了传统早餐。在饮品的选择上，也是偏向于西方的汽水，就连年节时吃的糕点和糖果都变成了奶油太妃糖等。富有的家庭在烟酒方面的选择也逐渐西化。穿着服饰也效仿洋人开始以西服领带代替长衫、中山装等。女性本身就追求美，在服饰选择上也逐渐偏摩登风格，尤其是穿改良过的旗袍与高跟鞋。不得不说，这些看似日常的改变，却为上海带来了一种全新的社会面貌，这是中西方文化结合的一种表现。

酒水方面的广告进入到人们的生活中，广告的内容大多有关于现代家庭画面。因此，很多家庭受到了影响，现代化的家具消费开始增多，特别是收音机、唱片机等彰显生活品质的用品。这些消费不仅为家庭提供了多样化的娱乐方式，还有利于丰富家庭活动内容，在这个过程中也促使近代家庭逐渐发展成现代家庭。基于这种原因，新式家庭用品也成了必备的礼品[①]。不仅如此，家庭和家庭之间的交流聚会也逐渐流行，成为一种新式社交模式。在家庭聚会中，新式家具更是发挥了重要作用，成为促进社交的纽带。新式家具在教育上也产生了积极影响。比如，唱片机在家庭中被广泛使用，成为孩子学习的重要工具。人们通过阅读杂志丰富见闻，了解新知识、新动态，这也为人际交流提供了素材。

在近一个世纪中，中国饮食面对西菜的冲击，无论在空间上或卫生观念上，都在寻求改进，以适应现代都市的发展。很多餐馆的出现与盛行，更显示了华人在接受西餐的过程中并非是全然无条件接受的，西餐仍旧需要符合华人的口味才能受到欢迎，中菜西吃也未尝不可。在这过程中，华人也仍旧保有对中华饮食文化的自豪，并未因为刀叉而废弃了筷子的使用，或是因为咖啡的传入而自此不再喝茶，而是将西餐纳入中国饮食文化，喝洋酒还是喝

---

① 李暄：《民国广播与上海市民新式家庭生活》，《新闻与传播研究》，2018 年第 2 期。

白酒、吃炒还是吃烤，随君所好。中西饮食文化交流的过程虽然缓慢但是平和，这些历史交汇让我们看到了一个中西文化交流的例子。

正如上文所述，随着到上海的洋人逐渐增多，不同形态的西餐馆和中式西餐馆的设立越来越多，很多用餐的地点也区分等级。华懋饭店在洋人的西餐馆中属于价高者，共有 12 个餐厅，各具风味，其中还有专属于儿童的餐厅，不仅有适合儿童食用的餐点，也有专为肥胖儿童设计的菜单，在空间设计上也以儿童为主题①。

---

① 熊月之等：《上海的外国人：1842—1949》，上海：上海古籍出版社，2003 年，第 7 页。

第四章　近代女性在中国酒类图像中的文化表达
——基于月份牌的考察

近代中国的酒业市场作为一种消费文化场域，权力关系贯穿于生产与流通的每一个环节，背后充斥着各种权力资本和意识形态的激烈斗争。以酒与女性关系的角度出发，对民国时期我国的酒业发展情况进行分析，从而探讨消费文化变迁，尤其是月份牌女郎这一时尚符号背后，政治、消费和性别三种意识形态之间相互交织又不时转换的斗争与联合的复杂图景[①]。基于此，本章将以清末民初的历史时空背景为纵轴，月份牌中的女性图像之妆饰等图文空间演变，以及其他相关酒类图像为横轴，彼此相互对照，进而归纳、分析近代中国酒业消费文化的演变过程，验证月份牌为记录女性与酒消费文化存在于历史上的意义。

月份牌作为一类图像，是特定时代环境下的产物，起源于我国的上海地区，是中国传统年画的一部分，被视作是繁华都市的真实写照。月份牌是 20 世纪上半叶最重要的视觉广告形式之一[②]，几乎悬挂于民国时期日常生活的每一处角落。因为商业广告的需求与特性，月份牌以画面时尚、色彩鲜艳等特点，被广大的消费群众所接受。又因其印刷量大，从而降低了

---

① 姜云飞：《政治、消费、性别：时尚场域中的意识形态角力图谱——以 20 世纪 30 年代"摩登女郎"为例的考察》，《求是学刊》，2019 年第 6 期。

② 王巧、李正：《从 20 世纪月份牌看中国女性泳装服饰美学及影响》，《丝绸》，2020 年第 1 期。该文认为：月份牌由人物、衣饰、场景、边框、广告字、商品、年历等内容构成，广告的商品多是香烟、电池、百货、肥料、药品、酒类、火油等生活类物品。美女是月份牌画的经典题材及标志特征，它运用了西方写实技法与中国绘画相结合，形貌勾勒准确且富有立体感，形成了 20 世纪上半叶的标志性符号。

生产成本，也越来越被大众所接受，并且频繁地使用。洋商们除了将中华文化融入广告画之外，更将广告画的形式从原先的绘制西洋画片转为中国传统风格的国画与工笔画，使国人与产品之间产生更强烈的关联性。他们舍弃新式西洋画片的广告模式，转而采用本土化策略后，所推出的广告画逐渐获得中国消费者认同。经多方尝试后，又以借鉴于中国年画艺术形式的广告画最为成功。此种形式的广告画吸收了民间传统美术形式年画风格后，受到国人的喜爱。封建社会时期，人们均十分重视农作物的收割时辰，因为，这与他们的生活有最直接的关系，因此他们需要能在新的一年来临前预先获悉一整年的岁时节令，掌握工作时段，以防误了农时。而当时的画师观察到人们于春节时有贴年画的习惯，便在一年之初将整年的月历表、岁时节令绘制在年画下方，使人们在观赏年画的同时，可顺便准备一整年的农务活动，因而有了月份牌的出现。这样的形式，属于传统年画的一个分支，被称为月份年画，因其具备美观与实用的价值，逐渐受到人们的喜爱。目前较早的月份年画出现在1766年，距离上海开港的时间将近一百年，在这么长的时间里，人们已习惯这种属于中国风格的年画海报形式，洋人于此时向国人推广新式西方美术海报，自然不会受到国人的喜爱与接受。

尽管月份牌题材多样，但占主体的却是摩登女郎题材①，这点在酒类图像中十分凸显。在广告中，对女性的定义不同于传统意义，而是作为一个富有新兴价值观的社会群体，这也说明女性的地位相比此前有了一定的提高。与此同时，也有研究者认为："这是营销手段的一种，将摩登女郎作为主要内容，首先可以增加产品对消费者的吸引力，同时制造商也可以因此萌生出更多的产品创意，让消费者产生联想，从而带动消费增长。还有更重要的一方面是由于设计主体为男性，将女性作为主要内容设计在月份牌中有些隐晦，

---

① 摩登女郎月份牌有其深厚的文化根源，它与中国传统仕女画一脉相承，多是男性创造、观赏的视觉消费品。1914年，周慕桥为英美烟草公司及其子公司协和贸易公司创作了两张以现代女性为主角的月份牌，这是现代女性第一次进入月份牌，此后摩登女郎成了月份牌最受青睐的主题。

在经过商家的推销后被消费者购买到手中，看似是买卖的过程，但实际上更像是把女性看作是一种展示品，并嵌入在商品过程中。"① 究其大意，不难看出，月份牌是时代商业文化与女性自觉意识的交叉产物，既反映了当时社会对于女性外表的审美标准和期许，也映现了西方物质文化对中国的深刻影响。在近代中国酒业市场，这一特征尤为明显。

第一节 女性代言酒广告的发端

酒，自诞生以来，与女性有着密切的联系。在中国传统社会，很多女性不仅参与酿酒，而且也会有饮酒行为。随着历史的步伐迈入近代，饮酒更成为女性时尚社会生活的一个重要组成部分，女性开始在各种公众场合饮酒，社会大众对女性的饮酒行为也日渐认可。譬如《点石斋画报》中的女性聚餐图（图4—1），画面中所出现的均是清末时期的妇女，这是上海富裕阶层女性与西方聚餐文化在近代中国的折射。画面中，我们可以清晰地看到高脚杯和洋酒，配之以吊灯和洋式餐具，这生动地再现了酒文化在近代中国富裕女性阶层社会生活中的样态与面貌。

---

① 王树良、张耀耀：《景观身体：20世纪30年代烟草月份牌摩登女郎的形象呈现》，《美术观察》，2021年第2期。

图 4—1 《点石斋画报》中的女性聚餐图 [①]

由这幅《点石斋画报》的图像，我们也不难看出，酒文化中的女性成为时代的一股潮流。民国时期，都市女性开始日益进入教育、就业之门，这对家庭消费和妇女的社会地位改善都是有促进作用的，也使得妇女们能够接触到更多新的生活方式。在民国时期，女性除了饮酒行为已成为社会上不可忽视的一种现象以外，女性形象作为酒的商业广告主题的行为更是我们不可忽视的一种现象与力量。

一、女性的酒类画面

民国时期，除了酒类图像以外，其他各类商业美术主题中都出现了大量的女性图像，这意味着什么？答案也许正如《民国商业美术史》中所言，最

---

① 林家治：《民国商业美术史》，上海：上海人民美术出版社，2008年，第26页。

直白的理解应该是——女性角色从幕后走向了台前，并且树立一种新的时尚潮流。将女性曼妙的身材和姣好的面容刻进各种影像中，并投放到人们的生活里，逐渐成为广大市民广为接受的一种对象[①]。

这又是因为女性的美是千姿百态的，也是易于设计的。再如张英超的漫画作品（图4—2、图4—3），图中女性的装束就大胆了很多，以女性的魅力隐喻酒的魅力，且画面色彩更为艳丽，也更为吸引人的眼球。画中出现了两种不同品牌的酒，相对应的就出现了两种不同风格的女性，这些女性以健美、活泼、自尊、自信为其身体语言，容颜与举手投足间充满了女性魅力。譬如，图4—2中着红色长裙的女性，其代表的是佛檬酒，所配的文字解说写道：这种酒具有富丽的甜味，浓郁的芬芳与绝无涩刻的回味，会使我们把它象征做瑙玛喜拉型的女性，特别是手握一杯佛檬的感觉，就像拥抱一个自矜的贵妇做着甜吻……

图4—2　《酒与女人》(1)[②]

① 林家治：《民国商业美术史》，上海：上海人民美术出版社，2008年，第49页。
② 张英超：《酒与女人》，《时代漫画》，1934年第2期。

图4—3 《酒与女人》(2)①

　　虽然这种消费文化常常被人持以否定的态度，不过，不可忽视的是，西方物质文化本身就是一种"欲望"的消费文化，是近代中国市民追求进步、向西方看齐的过程，也是当时特定时代的时髦观、消费观的生动折射。群众通过观看的形式，将女性的形象尽收眼底，并且不断在脑海中反复回味，对其进行鉴赏和品位，逐渐影响了人们的审美意识。从另一个角度说，能将女性的身体展示在所有人的面前，并使大家发表看法，这与传统的观念相违背，确切地说，是对传统封建思想的一种革新。但是对于女性来说，整个过程基本都是在接受男性的批判意见，因为在创作过程中，创作者大多为男性，而且在整个消费过程中男性也占主要部分。"图像从产生到被观赏，整个过程不仅仅是观赏行为，而是作为意识和情感的表达，最重要的是价值观的体现。"②

①　张英超：《酒与女人》，《时代漫画》，1934年第2期。

②　苏滨：《艺术形象的社会构造：以20世纪二三十年代上海女性身体形象为例》，陶东风、金元浦、高丙中，《文化研究》(第5辑)，桂林：广西师范大学出版社，2005年，第27页。

发端于 20 世纪 30 年代的都市文化使社会人员大量分层，如上海在开埠后，成为东方的冒险家乐园，租界内西方国家的商人、传教士及官员纷纷来到上海，带动了上海的娱乐方式和消费方式的变革。逛百货公司、看电影、进舞场，国际饭店、新式酒店等当时国人从未见过的场合满足了人们的欲望，极大地刺激了人们的日常消费，一切都成为消费的对象，包括女性的身体。时尚娇艳的女明星照片，一时充斥着人们的视觉。这其中就有以奔放的构图来描述女性与酒之间的关系，譬如上述民国知名漫画家张英超的漫画（《酒与女人》）对酒类的宣传。[①]

二、女性的形象描述

具体到近代中国，在以女性为主题的酒类消费图像的产生、解读和认同过程中，其实质就是各类酒资本和社会力量共同"塑造"时代美女的过程[②]。很难说是酒塑造了女性的时尚形象，还是女性的时尚形象塑造了酒的现代饮品形象，两者是密不可分的。随着 20 世纪六七十年代人们对月份牌的重视，搜集之风便日益兴起，因为月份牌"作为中国年画发展的一个部分，蕴含着多种的艺术元素，不光光是日历的内容，还包括广告的设计、绘画艺术布局等多元内容，并且是中国传统艺术的结合，还在西方的艺术基础上，进行了发展和创新，也使得月份牌成了一种新兴的文化艺术结合产品"[③]。月份牌在广告布局上越来越精细化，艺术设计也很新颖，并且具有一定的时代特点。

[①]　张英超，20 世纪 30 年代漫画界一位与众不同的漫画家。他专以闲逸阶层中体态矫健的女性为主题来作画。张英超家境富裕，与上层社会女性多有接触，他笔下的阔绰女性图画更接近于真实。

[②]　月份牌脱胎于商业广告，在 20 世纪 20 年代上海都市化进程中，它实质上是西方资本主义致力于倾销"洋货"而引入的一种广告噱头。它将中国传统的审美心理定式融入当时特有的时代语境，与西方商业营销策略相结合的特殊的美术形式。如果从学科划分角度来看，月份牌在近代中国美术史上具有双重性，因为它还兼跨设计史。（参见：毕虹：《新文化运动时期月份牌女性服饰形象研究》，《新美域》，2021 年第 1 期。）

[③]　高宁：《东学西渐：民国月份牌女性形象的社会消费研究》，《大众文艺》，2021 年第 17 期。

基于这些特点，为之后的研究工作提供了一定的依据，尤其是女性形象的设计，从妆容、发型、服饰各个要素，都是曾经的社会生活的写照，反映出当时人们的生活习惯和文化潮流[①]。

这一方面的研究成果也十分丰富。高宁的《东学西渐：民国月份牌女性形象的社会消费研究》一文围绕月份牌中的女性形象，"基于图像和文献材料，从消费功利层面和道德伦理层面分析了女性通过月份牌广告图像所呈现出来的形象，以便真正理解这些女性形象背后优雅和生动的性格特征，并试图用中西结合的研究方法分析利用文化身份所隐藏在不同角度的女性形象"。[②]韦艺瑶的《郑曼陀女郎：月份牌中的视觉隐喻与现代性建构》一文立足于近代中国广告史研究，从中国近代月份牌擦笔水彩绘画技法的创始人郑曼陀入手，作者认为他的月份牌画作"开创了新知识分子女性形象，推动中国社会掀起追求自由主义、新生活方式、新摩登时代的风尚"。[③]《景观身体：20世纪30年代烟草月份牌摩登女郎的形象呈现》一文围绕烟草月份牌中的女性形象，分析摩登女郎的图像与传统的仕女图之间的关联，可以明确摩登女郎的属性其实更偏向于交易商品，只是交易的是图像而已。[④]郑立君在《场景与图像：20世纪二三十年代中国社会的"现代化"转型与"月份牌"》中，结合当时的社会背景，分析在当时国外对中国的一系列影响下，促使着中国在潜移默化中走向现代社会，并在这种转变中又反作用于政治、经济、文化各个方面，由此加快发展的速度，尤其是借助月份牌这一载体，明显可以看出转变的具体细节。[⑤]

月份牌是一种商业广告形式，它展现出了中国近代社会在各个方面的

---

① 王树良、张耀耀：《景观身体：20世纪30年代烟草月份牌摩登女郎的形象呈现》，《美术观察》，2021年第2期。

② 高宁：《东学西渐：民国月份牌女性形象的社会消费研究》，《大众文艺》，2021年第17期。

③ 韦艺瑶：《郑曼陀女郎：月份牌中的视觉隐喻与现代性建构》，《科技传播》，2021年第15期。

④ 王树良、张耀耀：《景观身体：20世纪30年代烟草月份牌摩登女郎的形象呈现》，《美术观察》，2021年第2期。

⑤ 郑立君：《场景与图像：20世纪二三十年代中国社会的"现代化"转型与"月份牌"》，《艺术百家》，2005年第4期。

发展历程，尤其是在思想文化上的演变。植根于当时的社会背景下，反映出人们生活方式的变化以及审美角度的转变与多元。对当时中国的农村市场而言，发行大量华美且精致的月份牌，使得传统木刻年画也逊色许多。消费者也纷纷将目光转向月份牌，家中所张贴的海报，也从原先的月份年画，转变成华丽的月份牌广告画。1921年《申报》所刊载的《改良月份牌画历届选举丑态以唤醒国民》[①]一文中指出，月份牌主要的功能除了能推广商标与商品外，也能达到查月大月小的实用性。此外，《月份牌广告之效益》一文中也曾提道："用月份牌广告以分赠于众人得之者，可继续使用至一年之久，于其旁附以广告，可使人永远不忘，其收效之大、用费之省，远非他种广告所可及也。"[②]这也说明了虽然月份牌在印制上的成本较昂贵，但月份牌多附有月历之功能，因此，可在消费者家中张贴一年之久，其广告效益之大，一般广告画无法与其相提并论。商业背景的兴起，加上印刷技术的进步，充分给予了月份牌发展的条件与空间。月份牌风潮的出现，使得中国近代广告画有了革新，不再受限于传统年画形式，并跳脱出传统东方美学思想。民国初期月份牌多元性的发展革新，象征着东西方文化的交流与折中，月份牌挑战了中国人对于广告画的接受度，以年画为基础，融入西方美学，吸取西方写实绘画技法，结合东方的题材与元素。在这样的时空背景下，月份牌在东西两种文化的冲击下逐渐融合，并树立起自身的风格，使"月份牌"一词成为中国美术史上重要的名词，同时，也是中国近代广告史上重要的一段历史。

　　总的来说，民国时期的女性作为一种"力量"，是与社会风尚等密切相关的。相关的研究成果可谓不胜枚举，但其中有关酒类月份牌中女性形象的研究成果却十分有限，所以搜集女性形象的酒类月份牌，展开相关研究，就十分必要了。

---

① 《改良月份牌画历届选举丑态以唤醒国民》，《申报》，1921年1月3日，第16版。
② 《月份牌广告之效益》，《申报》，1921年1月8日，第16版。

第二节　酒类广告中多姿多彩的女性

清末民初，女性往往作为一种艺术建构出场。笔者翻阅相关资料发现，在清代末期，当时广告中的女性形象大部分源自民间或历史记载，女性不会单独出现在广告当中，而是古装美女形象呈现。以周慕桥①为代表的一群艺人大胆改革，较早开始创作古装仕女形象的招贴广告画。他们笔下的人物刻画细腻，色彩丰富，掀起了古装仕女形象的招贴广告时代，成为月份牌广告画萌芽时期的代表。

延至民国时期，有关女性的文化开始发展。著名的《晚妆图》《女学生》（图4—4）是在1914年由郑曼陀执笔创作的，其中的女性形象为优雅、端庄、干净、质朴的女学生，由于受到大众喜爱，随即掀起一股浪潮。郑曼陀通过自己的创作，将各式女性形象融合到日历招贴画中，他所创造的擦笔水彩画法成为月份牌广告画的基本风格与特征。20世纪20年代中后期，受西方文化影响，身着各式精致旗袍、打扮前卫的女性形象悄然流行起来，郑曼陀引领的以清新质朴为特点的女学生不再是日历招贴画的主流。1930年之后，以上海为前沿阵地，生活在城市中的女性不再一味地守旧，社会开始出现各式风潮并受到追捧，日历招贴画就是重要的象征，只有社会名人才能登上当时的日历版面。日历招贴画的火热带动一个产业的发展，逐渐形成一种职业——招贴画设计师，其中以杭穉英为代表。他笔下的上海女性形象明眸皓齿、唇色红润、笑容可人，姣好的身材在合身且精致的旗袍衬托下更显丰满，加之华丽的首饰衬托，女性形象时尚且温婉。《美丽牌香烟》《双妹牌花露水》《白毛牌花布》等都是他的代表作，在当时的广告界掀起不小的轰动，这也侧面体现出当时中国广告发展之繁荣。以今日的视角回溯，当时可算得上是中国广告业发展的重要阶段。1940年以后，带有明艳、妖娆、丰满特征

---

① 曾经担任过苏州桃花坞年画制作的画师，而后又与海派吴友如等人共同在《点石斋画报》担任画师。

的女性形象开始流行，潮流服饰也由旗袍扩展至女士西装、连衣裙这类带有西方风格的洋装。经过近 30 年的发展，女性形象从年画中的古装女性，逐渐转变为身着旗袍的都市女性，这种变迁既是社会伦理纲常进步的表现，对中国的广告业而言也是另一个新的开端，直至此时，女性的艺术建构达到一个顶峰。

图 4—4　《女学生》[①]

---

① 邓明、高艳：《老月份牌年画：最后一瞥》，上海：上海画报出版社，2003 年。

这些艺术作品不是脱离生活的，恰恰相反，它们都是生活的真实写照。"联系民国初期表现都市女性形象的系列性美术作品看，月份牌对不同时期都市时装美女的'包装'并非脱离生活的凭空臆造，而是在源于现实生活的基础上，对女性形象的概括和创造。"[1] 这一点，在酒类的月份牌图像中体现得尤为明显。

酒、色、财、气，在传统社会一直被认为是人的四大基本需求。但是，一旦将酒与色相并用，好似又有一种贬义，其实并不全然。在本部分，我们提到的"色"，是指画面的构图与画风、女性的魅力而言，是一种酒类图像多彩多姿的表现。聚焦于酒与近代女性，我们可以看出，在酒这一商品的外衣下，中国女性逐渐走出封建制度约束的过程。

一、酒图像里的女性着装

上文中所引用的《点石斋画报》的图像中，虽然呈现了很多西方的事物，但女性形象仍然十分保守，没有突破中国传统礼教的约束。而20世纪30年代的《上海漫画》中的图像，无论是场景装饰还是酒的品牌，描绘得都非常直白，女性的服饰也展现出多样的选择和多元的形态。所以有学者指出："在民国，政治、经济一旦有变动，社会风尚也会跟着改变，这样的变化可以在日历招贴画、报刊等早期反映实事的媒介中得到反映。早年，我国社会的审美中普遍将传统的淑女形象作为美的代表，随后西方的洋人女性带来不一样的美，再到五四时期，女学生形象流行，不过也融合了西方人惯常的形式，例如将腿部、胸口等部位裸露，以这样的形象参加球类运动，或者游泳、骑马、射箭等当时盛行的社交活动。在发展至1930年之后，社会以身材丰腴、打扮洋气的太太为美的中心，从当时的画报及日历招贴画中就可见一斑。"[2]

---

① 罗苏文：《女性与近代中国社会》，上海：上海人民出版社，1996年，第434页。

② 姜云飞：《政治、消费、性别：时尚场域中的意识形态角力图谱——以20世纪30年代"摩登女郎"为例的考察》，《求是学刊》，2019年第6期。

需要说明的是，由于资料所限，目前笔者所搜集到的酒图像中的女性以穿旗袍为主（图4—5、图4—6），游泳、骑马、射箭、打球等各类时髦活动的女性形象目前仍未见到。但是见一斑而知全貌，下文中引用的几幅图像便是都市女性身着旗袍的形象图，其色彩艳丽，极致地展现了女性的美。

图4—5　福寿啤酒广告画（1）[1]

---

[1]　Belgian World Commercial Advertising Database 数据库。

图4—6　福寿啤酒广告画（2）[1]

　　旗袍最早是居住在关外的满族人的服装。主要特点为上下连身、圆领、前后襟宽大，衣衩较长，袖子紧窄，男女都可穿着。妇女穿的旗袍在领子、前襟和袖口的地方都有绣花装饰。而后，旗袍开始由宫庭传入民间。经过改

① Belgian World Commercial Advertising Database 数据库。

革之后，旗袍的袖子收紧并缩短、露出手腕，袍身的长度缩短至脚踝处。

20世纪20年代末，受欧美短裙的影响，旗袍的裁剪工艺也吸收了西式服装的剪裁方法，式样日新月异。摆线提高至膝下，腰身从宽大直筒转为合身适体，以及采用西式剪裁缀以肩缝等，这样的改变使旗袍由平面造型转化成立体造型，比以前更能衬托出女性的曲线美。1930年左右，旗袍广为普及，腰身紧绷、贴体，出现了各种流行式样。这个时期旗袍的变化主要在领、袖、衣长以及高低开衩等方面，变化极为丰富。

二、酒图像里的女性发式

发式是女性美的重要组成部分。中国自古就非常重视发式，把人的头发看作是容貌的一个重要组成部分。战国时期，发髻日益普及，自此之后，中国妇女的发式便一直以梳髻为主，因此，发髻是古代妇女最常用的一种发式。所谓发髻，就是绾束头发，将其盘结于头顶或颅后。古代女子发式的美丑，与容貌大有关系。前人赞美女子的语言，有秀发如云、长发委地等。民国时期，女子的发式更是千变万化。例如去掉复杂的头部装饰，转而利用多变的发式作为装饰，以此创造出更多令人惊艳的造型。古代女性服饰多宽松，并且头部饰品较多，加之当时女性流行小脚，病态的裹足形成的"金莲"其实与正常的女性身体并不契合，当时女性形象的转变实属耳目一新[1]。

月份牌广告画中，女性在发式设计方面以绾发髻、剪发及烫发为主。剪发是1920年至1930年间开始普及的发式，当时的剪发就已经出现刘海。女性绾发髻古已有之，日历招贴画中的女性虽然也绾发髻，不过有所创新，不再是传统的花式、高立的复杂盘发，而是中和了西式特点，以卷发简单绾成的发髻。烫发在当时的广告界盛行一时，在众多日历招贴画中都有展现。伴随烫发进入我国的还有烫发的技术和各式以烫发为基础的发式。源自美国的发式（一九三二式），具体成型步骤如下：留出足够长的头发，以大曲度的

---

① 罗苏文：《女性与近代中国社会》，上海：上海人民出版社，1996年，第433页。

夹子来烫发，让头发最终呈现出波浪式。当时乐于追逐社会潮流的女性普遍尝试过这种烫发。当年的日历招贴画中，这种烫发长期占据主要版面，由此可见其在当时社会的流行程度。[①]1940 年以后，曾经流行的绺发髻、烫发开始组合搭配，形成更为多样的新式发型。

三、酒图像里的女性妆容

爱美是女性的天性，让妆容与容颜相匹配，再辅之以适当的服饰及首饰，形成整体和谐的美，这不仅是现代人追求的外形，在当时也是普遍提倡的。《申报》中有此描述："在社交场合，女子的容颜是最受关注的，外部的服装首饰要排在后面。"[②]"女性就像麋鹿，女子爱美，麋鹿则以华丽的角为荣，这是天性。女子既然爱美，就势必要追求美"[③]，即便违反自然规律，在这方面有帮助的商品却不断涌现。美容化妆是为了让身体的某些部位得到修饰而彰显美丽，而这一美丽又能反过来衬托月份牌的主体——各类商业产品。在本章节所搜集的图片中，女性的"点唇"技法十分具有特点，传统时代的樱桃小嘴式的唇妆不再多见。有资料记载："中国的传统是以小嘴为美，而如今时代变迁，基于自然唇形的唇妆开始流行……不变的是红色象征好气色，依然是唇膏的主流色彩。"[④]唇妆只是整个脸部妆容的一部分，眉部如何上妆、胭脂水粉如何使用，甚至包括指甲在内也是很重要的内容。囿于篇幅，在此不做赘述。

① 彭勃：《从"月份牌"广告看民国女性服饰审美意象的构建》，硕士学位论文，湖南工业大学，2012 年。

② 《西蒙香粉广告》，《申报》，1931 年 2 月 20 日，第 7 版。

③ 《雅霜广告》，《申报》，1931 年 9 月 20 日，第 5 版。

④ 《点唇》，《申报》，1937 年 5 月 4 日，第 8 版。

图 4—7 钦范葡萄酒酿酒厂广告画 [1]

当然，除此之外，月份牌中的女性形象还有很多装饰手法，比如女性的身份特征暗示、画中的装饰物品等等。在本章节中，相较于福寿啤酒广告中的女性，钦范葡萄酒酿酒厂广告画（图 4—7）中的女性更具有知识分子的气质，她们普遍留着短式、发梢至耳朵，服饰为中性的短衫，领口立起，短裙盖住膝盖。"在日历招贴画中，女性的形象往往以视觉的直观感受为表象，

---

[1] Belgian World Commercial Advertising Database 数据库。

实则是由这些广告女郎展示其着装和佩戴的饰品，对商品的效果进行美化，受到广告吸引的女性就是认同了这样的宣传形式，进而参与商品交易。广告的这种商业用途决定了无论是日历招贴画还是其他形式的广告，人民是否能够接受是最重要的，女性形象也因此更加具体真实。"[1] 就如 1931 年张裕白兰地酒广告中，都市女性以拿着一本书的形象出现，知识女性符号建构意味十分凸显。海报中女性的刘海犹如点睛之笔，画尽了民国时期的知识女性，尤其是女学生独立自强的书生气质，也借由这种书生气质，彰显了该酒的高贵与典雅。

但无论月份牌中女性的形象如何多姿多彩，如何充满魅力，他们都是被"商品化"的女性，是为特定产品服务的形象，是酒形象以女性为外衣的代言人。当时的社会以男性为主导，审美、市场及消费难免多考虑男性，对于酒的形象，女性作为一种视觉图像参与其中也是为了迎合市场。其实，也正如蒋英所指出的："清代末期，在利益驱使下，商业普遍以女性为宣传点，为商品赋予时尚的特征。其中的原因在于封建传统文化与新兴文化的杂糅，当时的商业刚开始形成自己的文化，还不能完全从传统的审美中脱离。作为时代的见证者，流行多年的日历招贴画就反映了当时女性在经济中的形象以及这种变迁。"[2] 日历招贴画也有涉及酒的部分，在其中也体现得十分突出。女性作为一种形象，尤其是都市女性的形象，完美地切合了酒类广告的需求，酒类企业等将女性身体"商品化"，进而推动了酒类形象月份牌广告的繁荣发展。

---

[1] 毕虹：《新文化运动时期月份牌女性服饰形象研究》，《新美域》，2021 年第 1 期。

[2] 蒋英：《月份牌广告画中女性形象演变之分析》，《南京艺术学院学报》（美术 & 设计版），2003 年第 1 期。

第三节　酒类月份牌中的倩影风华

正如高宁所指出的："月份牌中女性形象的演进记录了当时社会的'一隅'，因此月份牌具有'时代缩影'的功能，真实地记录了中国妇女挣脱束缚的轨迹和过程，并在一定程度上真实反映了当时妇女的生活状况。"[①] 进一步来说，在女性倩影风华的形象中，完美、生动地再现了民国时期的酒文化的历程。在梳理文献的过程中，对于酒文化的探讨，目前所能见到较早的研究性成果是范研琪的《汉代宴饮画像中酒文化空间初探》[②]，虽然她研究的是汉代酒类图像中所折射的酒文化空间，但是，她的研究路径、方法却很值得借鉴，以此为基础展开对民国时期酒类图像和对月份牌等图像中的饮酒文化的探讨很有指导性意义。

此时女性群体开始解放，身体不再是其他任何的附庸，而成为独立的审视对象，成为一种标志，反映时代潮流。在我国传统观念中，禁欲、保守、节俭、朴素是被提倡的，甚至上升到伦理层面，成为一种道德约束。而到中华人民共和国成立后，可以从是否健康、整体的体态如何、外部的装饰如何等多重角度加以审视身体。这种身体的自由解放对商人是绝好的机会，产品制造领域的商人找来广告界人士，力图给身体加上各种象征性与符号性，让

---

① 高宁：《东学西渐：民国月份牌女性形象的社会消费研究》，《大众文艺》，2021 年第 17 期。

② 范研琪：《汉代宴饮画像中酒文化空间初探》，《美术大观》，2021 年第 1 期。该文章从汉画像石入手，指出汉代画像承载了汉代人生动形象的生活场景，是研究汉代文化生活的直观资料。范研琪通过观察分析汉代宴饮画像中的饮酒器具、饮酒礼仪、侑酒活动，再结合人的感受，构建出了一个完整的酒文化空间。饮酒使用的器具作为构成酒文化空间的物质基础，承载着汉代人的酒文化；亲疏有序、尊卑有别的礼仪制度构建出酒文化空间的骨架。与其说酒文化空间包含了饮酒器具、饮酒礼仪和侑酒活动，不如理解为是它们通过有机结合创造出了一个充满酒文化的空间，能够让人们身临其境地感受到汉代人宴饮时的热烈气氛，也更深刻地体会其中反映出的浓烈酒文化。而这酒文化的整体空间向后人传达着汉代稳定的社会政治、富足的经济生活和有序的礼仪制度，并为之后各朝各代的礼仪制度奠定了坚实的基础，使得中华文化继续深化和发展。

身体承载美，成为美的一种标志。身体的这种代表性和象征性是商品赋予的，范围甚广，例如化妆用的胭脂水粉、各色服饰和首饰、营养品等。在如今的消费社会，这种商品的范围更是无所不包，发型设计、身材管理，甚至是医学美容。

在历史的不同阶段，美有着不同的表达，无论形式如何、内容如何，与社会的阶级总是有关联的。如今，几乎所有的物都可以参与到消费市场，美一旦走向市场，也就需要迎合市场，不再是客观、真实的视觉追求。与封建观念中的女性相比，民国时期，女性开始分部位欣赏自己的身体，市场也开始想办法表现女性身体不同部位的美。以日历招贴画为例，刊登在其上的女性普遍有黑亮的头发、洁白的牙齿、娇艳的容貌。在这样的市场主导下，美的范围不断扩充，从整体到局部，从五官到身材，无论是天生丽质还是后天装饰，市场上产生了无数以美为追求的商品，而商品广告恰好就是这些女性体现自身之美的绝佳媒介。当美成为商品的附着，商品本身的价值也格外凸显，商品的审美属性也因此而彰显。

一、西方文化的影响

民国时期，中国与西方交融互动之频繁远超以往任何时代。在这一时期，女性与酒都受到了西方文化的影响。在女性价值观层面，大力鼓吹兴办女学、反对缠足、倡导妇女解放等，使得西方男女平等的观念开始被知识分子所接受。

具体到酒类饮品，则更是如此，比如啤酒、葡萄酒在中国的日渐普及便是明证。啤酒在进入中国的时候，国人对它感到陌生，十分不理解，而且觉得其色泽和味道都很奇怪，所以国内很少有人敢于去尝试。

但是伴随着西学东渐的日益深入以及各类啤酒企业有意识的宣传，啤酒慢慢地开始进入普通老百姓的生活。当年经营火热的烟台啤酒就以干净卫生为宣传点，刊登在《礼拜六》杂志上，将特定的概念引入到啤酒的营销之中。刊登的广告语是这样描述的："烟台啤酒公司生产的啤酒用的是泉水，无论是品质还是口感都是上乘，不但干净卫生，而且多喝可以强身健体，到了夏天又可以消暑解渴。我们的啤酒在上海已经有五年的历史，广受好评，每逢社交场合，都要用我们的烟台啤酒宴请客人。"①

再如这两幅有关啤酒的图像广告画（图4—8、图4—9），我们可以看出，啤酒杯中满满的啤酒，伴随着女性优美的身姿，仿佛正在邀请人前去饮用。此时的酒已经很难看出一种拒绝感或者说陌生感了，反而成为一种都市的时尚。借用女性的身体，转而成为女性的邀请，或者女性认可话语下的男性的一种消费文化，推动了啤酒的营销。"啤酒逐渐日常化，洋人爱喝啤酒

图4—8　上海啤酒广告画②

────────

① 若愚：《介绍国货·烟台啤酒》，《礼拜六》，1934年第551期。

就像中国人爱喝茶一样。洋人无论是出游、参加宴会还是朋友小聚，啤酒都是必备的，啤酒商店随处可见。中国人开始理解洋人对于啤酒的热爱，因此啤酒开始普遍出现在日常的社交场合，'无论是出去野餐、钓鱼还是外出游玩，少了啤酒解渴，都像是不尽兴'。"①

图4—9　以著名演员胡蝶为原型的青岛啤酒广告画②

---

① 马树华：《啤酒认知与近代中国都市日常》，《城市史研究》，2016 年第 2 期。

② Belgian World Commercial Advertising Database 数据库。

很有意思的是，相较于国内啤酒公司广泛使用摩登女郎广告形象的宣传手法，从国外进来的酿酒公司反而侧重于使用中国传统女性的形象，就如 1929年法国罗彭酿酒公司月份牌广告画（图 4—10）体现的一般，这背后折射出了中国酿酒企业企图"现代化"和外国酿酒企业企图"中国化"的不同诉求，也呈现了两种文化差异之下月份牌符号建构和传播内容提取上的异同。

图 4—10 法国罗彭酿酒公司月份牌广告画[1]

---

[1] Belgian World Commercial Advertising Database 数据库。

图4—11 广生行酿酒公司月份牌广告画[1]

"传统与现代在某些特征上就是冲突的,而所谓的现代化,指的是传统转变到现代的这样一个进程。"[2]但是在近代酿酒企业广告上,这两种文化却实现了有机地整合。对于中国酿酒企业借助摩登女性实现自身酒类形象的物

---

① Belgian World Commercial Advertising Database 数据库。

② 胡乔木、姜椿芳、梅益:《中国大百科全书》,北京:中国大百科全书出版社,1993年,第1页。

化介绍在上文已有阐述，不再赘述，在此，我们仅对外国酒行对自身酒类品牌形象的宣传做一分析。相较于传统的摩登女性，外国酒行反而更倾向于选择中国传统的女性形象，与前文对女性美的大幅度建构和彰显不同。在这两幅广告画中（图4—10、图4—11），对中国传统符号的选取与使用十分多，比如花篮、假山、亭台楼阁、湖水等等，中国化味道十分凸显。[①]"在日历招贴画这样的广告形式中，来自外部的文化与我们自身的文化产生作用，又受到西方艺术的影响，例如油画，其呈现形式不再拘于传统。在特定历史阶段，日历招贴画也展现一定的特征，例如在表现手法方面进行创新，产生了擦笔水彩的画法。广告画中的各式人物形象是由画家创作的，画家们学习过西方的透视画法，对人体构造也经过系统学习，再与自身的技术相结合，创作出的月份牌人物就惟妙惟肖，自然生动。"[②]

二、消费主义、妇女解放思潮激烈共荡

20世纪初的中国社会经历了许多重大的变革，对政治、经济、思想等各方面都有影响，而月份牌中女性妆饰的演变历程恰巧能反映出在那个时代的洪流中，女性形象是如何成为各类商业产品的"化身"，以实践"女为悦己者容"这一广告言说诉求价值观的历程。

由上文我们也不难看出，近代女性与酒类企业广告的结合是文化的表现，是社会大力发展经济的必然结果。在近代中国，历史悠久的酒文化开始走进商业，传统文化开始进入寻常百姓家。招贴广告上出现的女性，无论是自然

---

① 对于此，正如有学者所指出，月份牌广告除了以女性为主角，其画面语言还包括：豪华精致的居所、悠然自得的娱乐场地、伶俐活泼的孩童、各式代表高雅生活的乐器、小孩的玩具、时尚的自行车等等。月份牌广告中的媒体形象，对于广大民众特别是妇女具有榜样的力量。女性新潮的装扮加上优越的场景搭配，让广大广告受众容易身临其境，置身于一个绚丽的梦的氛围中。所以说月份牌是上海人的一所梦工厂，是浮世中的一幕真实幻影。它是充满希望的上海人当时心目中的理想新生活——那是一种实在的、可以望的见或是可以争取到的好日子。（参见：黄玉涛：《民国时期月份牌广告的文化特征探析》，《新闻界》，2009年第1期）。

② 黄玉涛：《民国时期月份牌广告的文化特征探析》，《新闻界》，2009年第1期。

体态还是面部形象，都受到国内外文化的影响，在创作技法上也是中外结合的结果。一张招贴画，其中人物传递的信息却是复杂的，从服装可以窥见当时的社会风尚及时代特征，从招贴画的制作可以窥见当时的媒介形式。女性与酒的结合，表达了近代国人对于酒文化与女性文化之间的理解。当时的社会女性形象如何发展进步，招贴画是见证者，透过招贴画承载的标志与符号，现代人可以想象到当时的社会风貌。广告中频繁出现的女性形象及其身体，是对人们的暗示，人们从中可以观察到当时的社会情境。例如西方杂志中的明星女郎，多以性感、健康的形象示人，构成当时的时代特征。"若客观来看，女性以这样的健康形象为主流，说明当时的社会是积极向上的，女性是受到尊重的。"①

李光业对女性教育该走向何方有过明确描述，对具体应该掌握的知识也有涉及。"女性教育需要帮助女性选择自己的人生，帮助女性形成自己的人格和观念，可以运用独立的思维与能力处理事情，以此才能拥有丰富的人生体验。所以物理、化学、数学这类基础知识是必备的；想象力、逻辑推理能力、语言力是不能忽视的，能够培养以上能力的学科都需要纳入考虑，例如数学学科。另外，能激励思考的课外读物也需要引入。思想层面，传统的伦理道德要具备，对人生的思考也需要培养。自己的人生、国家的发展、世界的现状，以上不同层面的信息需要主动了解。综合来看，时代的进步意味着无论性别，每个人都需要关注大大小小的社会事件，并承担对自己、对社会的责任。"②

西方男女平等的观念开始被一般大众所接受，反映在月份牌中，我们可以觉察出女性眼神逐渐直视观赏者，脸上也出现自信的光彩，虽说穿高跟鞋和缠足处境相同，但是却也代表着女性装扮开始从被动的接受转变为主动的追求。同时，教育启发以及经济参与的部分也反映在月份牌上，出现女性阅读和舞女、歌女的图像，这是以往所没有的现象。而西方体能运动传入中国

① 高宁：《东学西渐：民国月份牌女性形象的社会消费研究》，《大众文艺》，2021 年第 17 期。
② 李光业：《今后女子的教育》，《妇女杂志》，1932 年第 8 卷第 2 号，第 22 页。

之后，健康美成为衡量女性美的一种标准，因此，同时期也出现了一系列女子从事体育活动的画作。

纵观月份牌之发展历程，不难看出，以酒为主题的招贴画中，女性反映的社会进步性不是关注的焦点，广告上关注的是女性如何塑造"酒类景观"，这是近代中国酒业在妇女形象上的折射，是将女性身体"景观"化为男性的视觉消费品。我们从中可以发现，广告中的女性虽然反映了现代化生活，却不能完全摆脱社会观念对身体的约束。"各式招贴广告中的女性形象以雅为美，不过这种美不是女性自己选择的，而是受到社会的评价和制约，这种社会审美的形成是基于男性的审视，直接说来，女性是否美，其标准最终还是归于男性的审美，这种观念产生的社会现象看上去是女性的解放，但实际上女性仍然不能主导，反倒被商人利用，被商业化。通常的广告展示的是商品，而这类女性广告展示的是女性的身体，这就将女性放到与商品同等的位置，成为消费的标志。"① 虽然月份牌中的女性是主体，但这一主体其本质是各类酒业产品的化身，借助女性的形象，酒类企业生动地创出新特点、新优势，并推动了自身企业品牌与女性等社会文化的勾连。

但总体而论，商业发展是社会生产力进步的表现。广告借助女性对身体的自由权利，从整体以及部分建立了美的观念，让女性可以自由追求，即便是在一定的社会评价之中，这种可以追求的权利本身就是进步的。从商业化宣传这一点考量，广告成功推出所要宣传的商品，这无疑是成功的。

---

① 王树良、张耀耀：《景观身体：20 世纪 30 年代烟草月份牌摩登女郎的形象呈现》，《美术观察》，2021 年第 2 期。

第五章　近代不同酒类在文化视野下的消费图景

　　酒作为一种商品，与近代报刊广告业有着必然的联系。对此，得益于留存丰富的近代报刊，我们也可以从中观察到酒文化与酒的消费图景。对于中国的广告何时开始发展到近代化，有两种说法。一是广告概念本身就是源自来华办报的外国人，所以可以认为，外国人来华办报之时，中国的广告近代化就开始了。《察世俗每月统记传》是外国传教士来中国发行的首份中文形式的报刊，广告开始出现。面向外国人群体创办的外文报刊本身就载有广告，即便是在外国人自己的报刊上，中文形式的广告也有出现。外文报刊在发行中文形式的报刊时，沿用本报的习惯，因此，中文报刊上有不少广告[①]。二是中国广告的发端应当追溯到中国人自己办报之时。广告虽然是在外国人创办的中文报刊中出现的，但不是原汁原味的中国广告，要论本质，仍然要算到外国广告当中。因此，要从中国人自己创办报刊时起算。

　　不过，无论近代意义上的广告诞生于何时，都不能忽视的一点是报刊与城市，因为有了城市，才有了报刊传播的土壤和生存所依托的读者群体。所以，我们说近代报刊广告一经产生，因为追求利润的属性，自然地就与商品产生了联合，从而成为近代中国各类商品追逐形象的舞台。这点，对于近代酒类广告尤是如此，由是之故，有必要对酒类广告进行深入而系统的研究。对此，我们以《申报》[②]为中心展开研究。

---

① 汪前军：《论中国广告思想近代化的流变轨迹与转型特征：以 1902—1916 年〈大公报〉广告发展史为例》，《广告大观》（理论版），2012 年第 1 期。

② 《申报》原名《申江新报》，1872 年 4 月 30 日在上海创刊，1949 年 5 月 27 日停刊。它前后总计经营了 77 年，共出版 27000 余期，其出版时间之长、影响之广泛，是同时期其他报刊难以企及的。《申报》在中国新闻史和社会史研究上都占有重要地位，被称为研究中国近现代史的"百科全书"。

第一节 洋酒广告的消费图景

报刊可以刊登政治、经济、文化等各方面的信息，而报刊上的广告是一种宣传方式。报刊的普及跨越了地区、阶级的限制，深入百姓生活。各类报刊上的洋酒广告更是不胜枚举，折射出近代酒文化的兴盛与中西杂糅和饮酒背后的近代中国人物质文化消费的"全球性"与"现代化"。当然，在对洋酒进行论述之前，我们有必要弄清楚其概念。在近代中国，洋酒，也称西洋酒，"是我们对那些从欧美等西方国家进口的各种饮料酒的统称，也包括亚非国家按欧美方式生产的酒，俗称洋酒。按照我（指桂组发，作者注）饮用的习惯，西洋酒主要可分为烈性酒和葡萄酒两大类。在烈性酒领域中，著名的有法国干邑白兰地、苏格兰威士忌、英国伦敦干金酒、荷兰金酒、俄罗斯伏特加和牙买加朗姆酒等。在葡萄酒领域中，著名的有法国波尔多红葡萄酒、布根地白葡萄酒、香槟酒、意大利味美恩、葡萄牙碎酒和西班牙舍利酒等。此外，尚有色彩鲜艳、花色繁多的利乔酒等酒类。"[①]

一、洋酒勾连的符合国人"治病强体"之功效描绘

洋酒作为一种外来饮品，进入中国市场是一个渐进的过程，洋酒与中国养生文化的结合就是其重要手段。旧时对酒的描述有"通血脉""行药势"之状，因而后世常用酒加工炮制药物。由于古人认识到酒具有不错的药用价值，因此，借用原为酒之西字作为医字之基础，佐证国人自古以来就认为酒与医学有密切的关系。故《汉书·食货志》称"酒，百药之长"。这在近代洋酒在《申报》上所刊登的广告中可以见知一二。如喇伯喇归泥恩药酒的洋酒广告：

---

① 桂祖发、桂国强：《西洋酒大观》，上海：上海文化出版社，1996年，第1页。

启者：此种药酒系法国巴黎灯（等）地方之制药学堂中考得，
并无他种与此酒相同，盖用辛加纳树皮中上等之汁制成。巴黎斯制
药师罗比克曾言："此种药酒，七滴可抵辛加纳数斤之用。"又有加
勒勒医生言："我久寻一药，能使人身有力，今见归泥恩药酒，足
令人身体坚固。"又药师蒲咱腊言："喇伯喇归泥恩药酒，人或发
烧服之最妙，发烧已久者服之更有益。"[①]

虽然广告中的药酒名称读来十分拗口，但其功效却写得十分"中国化"，
强调饮用该酒能够使人身体坚固，还可以治愈发烧等疾病。当然，饮用此类
洋酒最大的功效更在于使身体更加健康。

延至 20 世纪，此类广告在《申报》等报刊上不胜枚举。各大报刊纷纷
刊登葡萄酒广告，商店不断上架各色葡萄酒，因此，大众开始更多地了解这
种商品。广告也开始从不同角度进行创新。论排版，刚开始只有简单的说明，
随后注重语言描述和引导，语言针对性更强了，因此，对目标群体的作用更
好。后来的红酒广告中频繁出现商业人才，将红酒与精英关联起来，吸引受
众。红酒高端、有格调的特点就是从那时开始的，随后，红酒以酒中贵族为
卖点，吸引大众关注。红酒的宣传当中还加入了助消化的保健功能，此外，
还有抗氧化、抗疲劳的作用。红酒广告商采用富于节奏性和层次性的宣传手
法，让红酒广告深入人心。在市场中吸引了男性消费群体后，赤玉牌葡萄酒
又将宣传目标对准市场中的女性，在广告当中引入女性角色（图5—1），并
将美容、助眠作为卖点，注入除饮用以外的保健功能。红酒逐渐普及至人们
的日常生活，广告则不再添加其他的功效以吸引受众，而是增加中国传统元
素，让国人普遍接受红酒，而不仅限于精英阶层。

---

① 《喇伯喇归泥恩药酒》，《申报》，1894 年 9 月 5 日，第 11 版。

图 5—1　赤玉牌葡萄酒广告（1）[①]

　　正如有学者研究指出，中医用酒治病，其方法主要有两种。一是用作药引，即借助酒力使药物起效。《本草纲目》引元人王好古的论述"酒能引诸

[①] 《赤玉牌葡萄酒广告》，《大北新报》，1933 年 5 月 3 日，第 3 版。

经不止，与附子相同，味之辛者能散，苦者能下，甘者能居中，而缓用导引，可以通行一身之表，到极高分。味淡者，则利小便而速下也"。在古今中医典籍中，常可看到某药方是用酒冲服的记载。《后汉书·华佗列传》记载东汉末年华佗发明世界上最早的麻醉剂——麻沸散，麻沸散的使用方式即是用酒冲服，使病人既醉而无所觉。二是使用酒剂，酒剂即是药酒，它是中药主要的剂型之一，在临床上有其独特的功能。药酒有很多的特点，譬如应用方便，药力持久，便于收藏携带，经济实惠。

人们在长期使用酒的过程当中，随着医学知识的丰富及用药经验的累积，除了察觉酒可以祛除疾病和作为医疗使用外，还可以被当作养生食材来延年益寿，因此，各种药酒及补酒不断地被创造出来。顾名思义，药酒的材料不外乎药与酒，酒可泛指各种酿造酒、蒸馏酒与食用酒精，而药则包含了动物性药材、植物性药材、矿物性药材与药曲（酒曲）。药材的使用以动、植物为主，药曲大多属副药材。整体来说，魏晋南北朝以前的药酒开发着重于治疗性，且通常只使用单方或仅用少数几种药物为浸泡材料。到了唐宋时期，由于经济、文化的发展，医药学水平的提高及药酒本身制作与使用经验的累积，药酒的制作水平在当时有很大进展，此时期的药酒改以补益性为主，且常用温热燥烈的药物，如乌头、肉桂、干姜等。但此等药酒如果滥用，易伤及脏腑的代谢。明清时期的许多药酒配方，已逐渐采用较为平和的药物，并增添补血养阳的药材，以使药酒更能适应病情与体质的变化而确实发挥出养生保健的功效。除此之外，经由酒制方式改变药材本身的性味，让中药与酒互相结合，也使中医的应用范围更加宽广。①

以上论述用凝练的语言梳理了中国传统文化中将酒与保健、治病之间关系的嫁接。其实，近代《申报》上的洋酒广告，其传播也不外乎是依托于此。比如，安宁公司鱼肝油酒、梅戈登成酒、铁质寿身酒、金纳氏巴德补血酒、金纳斯狼牌补血巴德酒的广告（图5—2至图5—6），均强调其补血的功效。这种功效究竟如何，甚或是否为虚假的宣传，报刊和洋酒的经销商们则一概

---

① 邱信杰：《酒的养生与论述》，硕士学位论文，台湾佛光大学，2009年，第36—40页。

不关心，他们只关心是否能够帮助洋酒在中国传统文化中寻找到一席之地，让洋酒得以在中国打开市场。

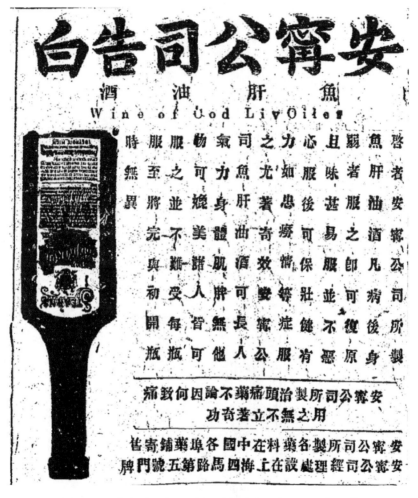

图5—2　安宁公司鱼肝油酒：病后身弱者服之可复原[1]

[1] 《安宁公司鱼肝油酒广告》，《申报》，1900年12月16日，第8版。

图5—3 梅戈登成酒：善治内肾膀胱等病且开胃[1]

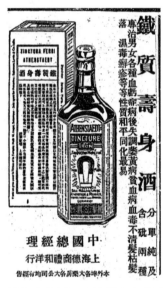

图5—4 铁质寿身酒：专治男女各种血亏病症[2]

---

[1]《梅戈登成酒广告》,《申报》,1910年6月21日,第23版。
[2]《铁质寿身酒广告》,《申报》,1932年11月21日,第11版。

图 5—5　金纳氏巴德补血酒：可养体益气，补血滋乳[①]

图 5—6　金纳斯狼牌补血巴德酒：饮之能增加力量，使人精神饱满[②]

---

① 《金纳氏巴德补血酒广告》，《申报》，1931 年 1 月 11 日，第 18 版。

② 《金纳斯狼牌补血巴德酒广告》，《申报》，1930 年 2 月 22 日，第 14 版。

再如施务露金鸡铁树酒广告（图5—7），直接指出此酒系医学博士施务露所研究的配方，从源头上赋予该酒以科学的内涵。而三星斧头老牌白兰地酒广告（图5—8），则更为直白地强调了其有病治病无病强身的功效，使得购买者相信长期饮用该酒，能够延年益寿，治疗各种疾病。甚至，法国老牌杜本内猫牌补身酒广告（图5—9），不仅强调其可补血壮身，还能开胃健脑。

图5—7　施务露金鸡铁树酒：此酒系医学博士施务露
所研究的配方①

① 《施务露金鸡铁树酒广告》，《申报》，1933年9月13日，第3版。

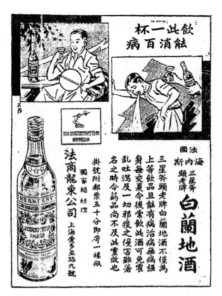

图5—8　三星斧头老牌白兰地酒：有病治病无病强身[①]

图5—9　法国老牌杜本内猫牌补身酒：可补血壮身，开胃健脑[②]

---

① 《三星斧头老牌白兰地酒广告》，《申报》，1935年5月29日，第9版。

② 《法国老牌杜本内猫牌补身酒广告》，《申报》，1934年10月8日，第7版。

此外，还有不少此类酒的广告（图 5—10 至图 5—15）。当然，上述广告有夸大和虚假成分，但是作为一种宣传手段，它展示了洋酒和近代中国传统文化之间的勾连。

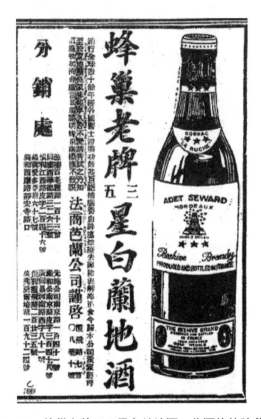

图 5—10　蜂巢老牌三五星白兰地酒：此酒能补脑养血，
辟瘟去疫，解寒消食 [1]

---

[1]　《蜂巢老牌三五星白兰地酒广告》，《申报》，1929 年 1 月 4 日，第 23 版。

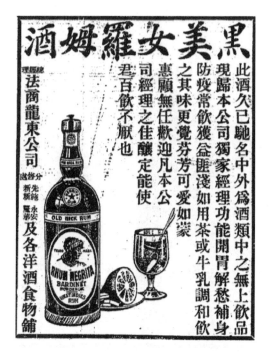

图5—11　黑美女罗姆酒：此酒可开胃解愁，补身防疫 [1]

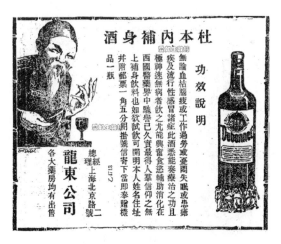

图5—12　杜本内补身酒：此酒尤能兴奋食欲，辅助消化 [2]

---

[1] 《黑美女罗姆酒广告》，《申报》，1929年1月29日，第20版。
[2] 《杜本内补身酒广告》，《申报》，1924年6月18日，第17版。

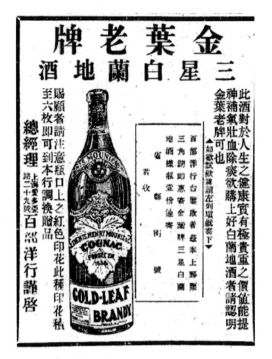

图5—13 金叶老牌三星白兰地酒：此酒可提神补气，壮血除痰[1]

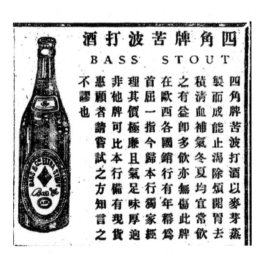

图5—14 四角牌苦波打酒：以麦芽蒸制而成，能止渴除烦，开胃去积[2]

---

[1] 《金叶老牌三星白兰地酒广告》，《申报》，1926年10月28日，第8版。

[2] 《四角牌苦波打酒广告》，《申报》，1925年1月1日，第43版。

图 5—15　金纳补虚酒：此酒可治寒热感冒，流行性疫气诸症 [①]

二、洋酒与对西方异域的想象

"西方既有人性的、善良的一面，还有自私的、功利的一面。西方的人性表现在崇尚民主、平等，维护言论及宗教的自由，对其公民的个人权利予

[①]《金纳补虚酒广告》，《申报》，1925 年 2 月 19 日，第 2 版。

以维护。在政治方面努力追求更好的民主；在物质方面致力于生产力的提高，不畏惧变化。西方的黑暗面表现在对其他地区的侵略，时常引战，例如种族屠杀、殖民、黑奴贸易、种族问题等，以上只是西方国家不良行为中很小的一部分……只有真正认识到西方国家的这种两面性，才能对西式的行为以及西方世界有中肯的认识。"①

而这点，在洋酒广告中体现得也极为鲜明，只不过，其构建的酒图像所宣扬的都是西方的富强与文明，所力推的也不过只是希望用洋酒作为一种标签，强化中国人对西方文明的认同，推广一种所谓的西方优越的生活饮品而已。

在马克思的历史唯物主义中，以何种方式生活是其中的一个论点，体现了马克思及恩格斯唯物史观的著作《德意志意识形态》一书中，"生活方式"是作为历史唯物观中的核心提出的。人们可以立即获取的物品，还有需要进一步加工才能获取的物品，这些物品的特征决定人们如何对必需的生存资料进行生产。要考量生产物品的方式，既要考虑人在身体上的需要，还要进一步从人的活动中观察判断。这一论述对我们认知近代洋酒广告是有很大帮助的。如常纳华克方瓶威士忌酒、法国狮帽牌白兰地、海内斯斧头牌白兰地、壮士牌可益酒、别士贵五星白兰地、法国名产酒中之王的广告（图5—16至图5—21），就将西方生活方式通过广告词直白地引入到近代中国城市中产阶级的生活方式之中。如他们所强调的某某国名产，其背后的广告语则是说这是西方某某国民众所享受的一种生活方式。

---

① 高力克：《双面西方：文明与强权——中国近代知识精英的西方想象》，《浙江社会科学》，2016年第8期。

图 5—16　常纳华克方瓶威士忌酒：苏格兰之超越出品，驰名全球百余年 ①

图 5—17　法国狮帽牌白兰地：风行已久，众口赞誉 ②

① 《常纳华克方瓶威士忌酒广告》，《申报》，1932 年 8 月 2 日，第 11 版。
② 《法国狮帽牌白兰地广告》，《申报》，1932 年 10 月 26 日，第 19 版。

图 5—18　海内斯斧头牌白兰地：用鲜葡萄汁酿成，远年久陈，味美香醇 [①]

图 5—19　壮士牌可益酒：法国名产，特制佳酿 [②]

[①] 《海内斯斧头牌白兰地广告》，《申报》，1931 年 4 月 20 日，第 12 版。

[②] 《壮士牌可益酒广告》，《申报》，1930 年 12 月 26 日，第 2 版。

图 5—20　别士贵五星白兰地：法国名产，气味芬芳，质地醇厚[①]

图 5—21　法国名产酒中之王[②]

---

① 《别士贵五星白兰地广告》，《申报》，1931 年 1 月 18 日，第 23 版。
② 《法国名产酒中之王广告》，《申报》，1930 年 12 月 26 日，第 2 版。

再如，七星红十字牌白兰地酒的广告词："此酒为法国爱西华名厂所制，其七星红十字牌五十年真陈之名，早经卓著于海外，盖有滋补提神之功，救急祛风消食之妙，性质和平，滋味纯正，诚居家、旅行人人必备之圣酒，保安活血之良丹也，本药房首次运华之酒早经馨尽，二次之货刻已到申，货存无多，幸希速购，定价每瓶三元，每打三十元。"[1] 正蜂巢牌优等白兰地酒的广告词："此酒为法国阿特许哑脱名厂所制，正蜂巢牌（即密蜂牌）白兰地酒风行各国已有一百余年……现在特设分销于上海，归敝行独家经理，盖此酒有祛除风邪、和胃补血之功，饮之滋养精神而得卫生有益。此酒贮藏久远，性质和平，而且气味清芬远胜他酒。此品专主醇正，不尚虚靡，所以装潢朴实，力求味澄，倘为不信，即请赐顾一尝，方信言之不谬也。各处食物店及各番菜馆，均有经售。此布。"[2]

当然，在此需要补充说明的是，马克思所谓的"生活方式"是一个整体的概念，我们所说的西方的饮酒，只是其中很小的一个组成部分。如果我们将视线聚焦到西方社会，又可以发现，其之所以产生多种酒类，也与其饮食习惯有一定的关联。"欧美人饮酒时很讲究酒种与食物的搭配。由于葡萄酒色有红、白及玫红之分，香有浓淡之别，味有干甜之异，饮用习惯上又有餐前、餐后与佐餐的不同，因而他们在饮食时，就有了对酒的色、香、味等诸方面的不同要求。例如，在食用野味时适合饮用红色葡萄酒，在食用颜色偏浅的肉类、海鲜、甜点时适合饮用白色葡萄酒。如果桌面上摆满了各色开胃食物、布丁和各种佐料，而且既有浅色的火鸡肉又有深色的鹅肉或烤猪肉时，那么此时开香槟酒就显得特别恰当了。"[3]

此类广告不胜枚举（图5—22至图5—29），它们都折射出这些洋酒是西方的一种生活方式，是不应忽视的一种饮品。"西方自古以来就是文明开化和权力斗争的矛盾体，这种伴生关系一直存在于欧洲社会的发展进程中。

---

[1] 《真正五十年七星红十字牌白兰地酒》，《申报》，1914年4月19日，第8版。

[2] 《正蜂巢牌优等白兰地酒》，《申报》，1914年6月26日，第4版。

[3] 桂祖发、桂国强：《西洋酒大观》，上海：上海文化出版社，1996年，第265页。

理与力的缠斗颉颃，是文明辩证法的一个缩影。"[1] 在这一过程中，西方洋酒在近代中国报刊的广告使得"人们的消费反映的信息绝不仅仅在于消费本身，而是上升到一种阶层文化，关系到个人对自身社会地位的认知。消费开始分阶层，人们因此开始注重品位。人们消费的不仅是物质，还有文化，这些一旦成为商品，就分别带上各自的标记。在对带有不同标记的物质进行消费的过程中，人们所属的群体得到表现，个人自身的特征也得到彰显。消费因此在物质、精神两个层面颇具含义，观察生活方式时也需要物质、消费两个层面分开看待。"[2]

图 5—22　道麦克老牌白兰地酒：可提精神解忧闷，畅销欧美各国 [3]

---

①　高力克：《双面西方：文明与强权——中国近代知识精英的西方想象》，《浙江社会科学》，2016 年第 8 期。

②　马姝、夏建中：《西方生活方式研究理论综述》，《江西社会科学》，2004 年第 1 期。

③　《道麦克老牌白兰地酒广告》，《申报》，1929 年 6 月 26 日，第 20 版。

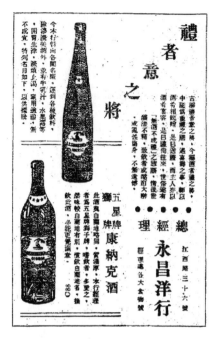

图 5—23　五星牌狮牌康纳克酒：与白兰地略同，质浓厚[1]

图 5—24　好德牌白兰地酒：此酒气味妙香又无烈性[2]

---

① 《五星牌狮牌康纳克酒广告》，《申报》，1927 年 2 月 18 日，第 8 版。

② 《好德牌白兰地酒广告》，《申报》，1924 年 1 月 1 日，第 18 版。

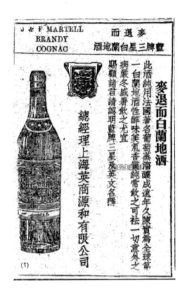

图5—25　麦退而蓝牌三星白兰地酒：纯用法国著名葡萄蒸馏酿成，

性醇味美，气香质醇 [1]

图5—26　三元牌白兰地酒：法国都南名产，盛行欧洲 [2]

---

[1]　《麦退而蓝牌三星白兰地酒广告》，《申报》，1924年1月3日，第16版。

[2]　《三元牌白兰地酒广告》，《申报》，1923年10月7日，第18版。

图 5—27　法国八卦牌顶上品十五年白兰地酒：此酒年代甚久，

故不燥不辣，味淡而美，不伤口喉 [1]

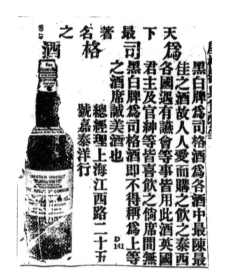

图 5—28　黑白牌为司格酒：英国君主及官绅等皆喜欢 [2]

---

① 《法国八卦牌顶上品十五年白兰地酒广告》，《申报》，1922 年 8 月 2 日，第 19 版。

② 《黑白牌为司格酒广告》，《申报》，1916 年 1 月 12 日，第 16 版。

图 5—29　乔纳华克为司格酒：驰名全球 [1]

第二节　国产酒类广告的消费图景

面对西方洋酒广告的铺天盖地之势，中国国产酒类广告业不甘示弱，纷纷在报刊投递广告，由此，建立了近代中国国产酒类的广告消费图景。

一、葡萄酒、啤酒等洋酒的"中国化"

关于葡萄酒，《申报》上的一段时人论述十分形象：葡萄酒为以葡萄发酵所酿成之酒，西人视为酒中之第一佳酿，最有益于卫生，较之啤酒更易畅销。盖葡萄本为一种富含滋养之果物，以之酿酒，亦甚滋养。医疗上用为兴奋剂，凡人疲倦时饮之可以恢复元气。[2]

---

[1] 《乔纳华克为司格酒广告》，《申报》，1916 年 1 月 17 日，第 14 版。

[2] 《酿造工业中之葡萄酒谈》，《申报》，1928 年 9 月 17 日，第 23—24 版。

　　张裕葡萄酒作为近代中国国产酒的代表，它的广告（图5—30至图5—35）在近代中国消费的酒图像市场上占有重要地位。"葡萄酒为滋补品，尽人皆知，而我国北方数省向产葡萄，惜未得其酿法，致所销葡萄酒须仰给于泰西。本公司为挽回利权，计投二百万之资本，费廿余载之经营，由欧美采购葡萄之佳种，运回烟台，辟山地数千亩种植，聘请奥国著名酒师按西法酿造，历年所成，计红酒、白酒各十种。"① 由这一段广告词，我们不难看出，该酒厂将强国、挽回利权等话语融入近代中国国产酒的广告，赋予了其一种崇高的使命。与此同时，它也十分强调其自身的"西方品质"，折射了近代中国国产酒"中西混同"的商品形象。

图5—30　白兰地酒：疲劳时饮用此酒可补充精力②

---

① 《烟台张裕公司西法酿造葡萄酒》，《申报》，1916年1月3日，第12版。
② 《白兰地酒广告》，《申报》，1919年1月1日，第11版。

图5—31 张裕酿酒公司：采用法国1833年乔白铁白兰地酒

为原料加以我国九种名贵药剂制成^①

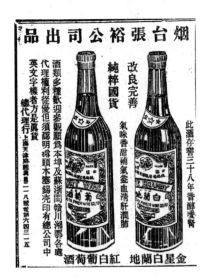

图5—32 金星白兰地酒：此酒存窖三十八年，香醇瑷肾^②

---

① 《张裕酿酒公司广告》，《申报》，1925年6月27日，第1版。

② 《金星白兰地酒广告》，《申报》，1930年8月25日，第13版。

图5—33　葡萄酒、白兰地（1）[①]

图5—34　葡萄酒、白兰地（2）[②]

---

① 《葡萄酒、白兰地广告》，《申报》，1941年6月29日，第3版。
② 《葡萄酒、白兰地广告》，《申报》，1941年7月14日，第9版。

图 5—35　葡萄酒、白兰地（3）[①]

当然，除了张裕葡萄酒以外，还有很多其他葡萄酒类企业广告。如无敌牌之"桑子葡萄酒"出品预告广告词写道："葡萄酒为补血行血之剂，配以桑子，味尤香美。而桑子酒之功用，尤能生血调经、悦容色，使人皮肤变白不老，具载《本草》，绝非虚妄，故于贫血家之唯一补剂，当推'桑子葡萄酒'为最稳妥、最效验。每瓶容量十二英两、定价三角，每打三元，馈送亲友，男女咸宜。另有镀金玻璃瓶装者，专供上等礼品，定价每瓶四角，每打四元，定于双十节后、重九节前出品，如愿经销，望先来函订定，因恐临时供不应求，特此预告。"[②]

---

① 《葡萄酒、白兰地广告》，《申报》，1941 年 8 月 17 日，第 4 版。

② 《无敌牌之"桑子葡萄酒"出品预告》，《申报》，1923 年 10 月 10 日，第 8 版。

除了葡萄酒之外，啤酒的中国化历程也值得我们重视。各地的啤酒组成庞大的啤酒家族，以发酵的方法作为分类标准，有爱尔、拉格两种。爱尔啤酒采用高温进行发酵，酵母作用于麦汁的表层，属于上发酵类，最早来自英国；拉格啤酒从德国的南部地区传出，酵母在麦汁的底端并以低温进行发酵，属于下发酵类。早期英国生产的啤酒普遍属于上发酵类，例如波特啤酒。以工业革命为分界点，此后低温技术取得突破，可以大规模生产，加之远距离货运技术的提高，采用下发酵技术生产啤酒更具商业竞争力。在工业发展时期，拉格啤酒得以盛行。

根据刘群艺教授的研究，我们可以知道，在近代中国，以译名来看，啤酒按照三个阶段传播。一是 19 世纪 70 年代前，啤酒开始引入。各地的外国人是消费啤酒的主力军，与西方人接触较多的国人开始考虑给啤酒起合适的名称。语言学习资料、海内外奇闻轶事中多运用译名。二是 19 世纪 70 年代至 20 世纪 20 年代，进口啤酒进入各地市场，来自外国的生产者开始入驻特定地区进行生产和销售。三是 20 世纪 20 年代后，各地区开始有本地厂商生产啤酒，啤酒开始有统一的叫法。随后众多群体开始加入啤酒消费行列，国内来看，沿海城市是啤酒消费的主力军。[①]

上海啤酒厂在其广告语中写道："上海啤酒又名 UB 酒，制法精良，酒质纯洁，气芬味和，有益卫生，实为无上之佳酿。功能：宽胸舒气、解渴除烦、健脾开胃，故为现时最盛行之啤酒也，倘蒙惠顾，不胜欢迎。外埠批发，格外克己。"[②] 当然，需要指出的是，有些啤酒广告（图 5—36 至图 5—39），其实是假借着"中国化"的"洋酒"。如生活在那个时代的李林就撰文指出：中国啤酒厂的数量与产量，如与西欧各国比较真是小巫见大巫，厂不多，出产更不多。因为真正国产啤酒厂，说来可怜，只有三家呀……至于其余的如上海之怡和、上海与国民三家啤酒厂，天津之天津啤酒厂，青岛之青岛啤酒

---

① 刘群艺：《啤酒与麦酒：舶来品译名的东亚视角》，《清华大学学报》（哲学社会科学版），2021 年第 6 期。

② 《请饮上海啤酒》，《申报》，1926 年 5 月 17 日，第 6 版。

厂均为外商，怡和与上海，又名友啤，为英商，国民为法商，青岛为日商，天津为俄商，更奇怪的是这些外商都用中国的地名作招牌，看起来倒很像是国产啤酒的样子，又加以洋商资本雄厚，宣传力大，小资本的国产啤酒反倒被人忽略了，因为不少的同胞把洋商当作国货去了呢。[①]

图 5—36　奉天金星牌啤酒：气味清香，有益卫生 [②]

① 李林：《国产啤酒谈》，《申报》，1937 年 7 月 21 日，第 17 版。
② 《奉天金星牌啤酒广告》，《申报》，1925 年 8 月 9 日，第 8 版。

图 5—37　上海啤酒（1）[1]

图 5—38　上海啤酒（2）[2]

---

[1]　《上海啤酒广告》，《申报》，1941 年 8 月 13 日，第 12 版。

[2]　《上海啤酒广告》，《申报》，1925 年 5 月 30 日，第 2 版。

图 5—39　青岛啤酒：最好最廉之酒[①]

　　针对这一问题，五星啤酒（图 5—40）在其广告词中写道："啤酒一物，向皆来自外洋，每年漏卮，为数为巨。近有北京双合盛厂，自制五星牌啤酒，质地优良，装潢精美，实驾乎舶来品之上，迭得各赛会之奖凭。值此国事阽危，亟宜振兴国货，力图发展，故各大商埠，均设有分销处。本埠委河南路余庆里永利号为总经理处，定价低廉，连日门市批发均旺云。"[②]

---

① 《青岛啤酒广告》，《申报》，1914 年 3 月 11 日，第 3 版。
② 《国货啤酒之发行》，《申报》，1923 年 7 月 11 日，第 17 版。

图 5—40　五星啤酒 [1]

当然，除此之外，《申报》中还有很多其他国产啤酒的广告。如惠泉汽水厂的香槟啤酒广告："惠泉汽水厂新出香槟啤酒一种，系用麦酒行复式蒸馏法，使由蒸汽化成纯酒所配，香味系采用香槟酒及啤酒方式，香甜可口、凉爽沁脾，使人饮之陶然，不觉酩酊。而醉后醑适，一无眩晕之病。闻其配方以桑葚为主，万国药方载桑葚汁功能爽神轻泻，中国本草谓能止消渴，利五脏，久服令人聪明，肌肤变白。古有所谓，仙家千日酒，殆不过是。夏令饮此，实为最佳云。"[2] "试用惠泉汽水制成香槟酒味之啤酒饷客，饮者无不极端赞美，怂恿发行，以公同好，因其品性高洁、香浓味美，但饮一樽，足抵白兰地三杯。即使多饮过量，亦不过取得醺醺，增人美睡。绝无头昏脑眩、腹胀便多之弊，故与普通酒类不同。"[3] 此外，当时还有泰山牌香槟啤酒在上海等地销售。

---

① 《五星啤酒广告》，《申报》，1931 年 6 月 1 日，第 14 版。

② 《惠泉汽水厂新出香槟啤酒》，《申报》，1923 年 7 月 15 日，第 17 版。

③ 《请君试用华人自制之香槟啤酒》，《申报》，1923 年 7 月 14 日，第 20 版。

二、国酒与健康、礼物的勾连

相较于洋酒，国产酒与健康、保健、治疗疾病等话语有着密切联系。《黄帝内经》中关于酒的性质、功能，以及酒对人体生理的影响都有相当详尽的论述。《素问·汤液醪醴论》专门探讨汤液醪醴的制法和治疗作用，其称"上古圣人作汤液醪醴，为而不用，何也？岐伯曰：自古圣人之作汤液醪醴者，以为备耳，夫上古作汤液，故为而弗服也。中古之世，道德稍衰，邪气时至，服之万全"。此篇是研究酒和医学关系内容的专论。关于酒的特性，《灵枢·营卫生会篇》记载，"黄帝曰：人饮酒，酒亦入胃，谷未熟而小便独先下，何也？岐伯答曰：酒者熟谷之液也，其气悍以清，故后谷而入，先谷而液出焉。"可见，酒有活血散瘀、开结祛邪之功。《素问·厥论》也指出酒气味刚烈，饮酒能使人肝气横逆，壮胆助威。《灵枢·论勇》称之为"酒悖"，并作以下的描述："其入于胃中，胃胀气，上逆，滞于胸中，肝气胆横，当是之时，固比于勇士，气衰则悔，与勇士同类，不知避之。"即使是胆小怕事之人，饮酒之后，酒气上冲，可增气提神，助威壮胆，在酒力的作用之下，把自己看成和勇士一样，并做出和勇士一样的行为，但酒劲过后则又自悔，这和现代人酗酒行为一样，说明古代医家在两千年前就了解到酒的兴奋和麻醉作用对人体的深刻影响。因酒性刚烈，具有宣散药力、通行经脉的功能，古代医家多借此特性来医治血脉痹阻、经络循行不畅的患者。如《素问·血气形志篇》说："经络不通，病生于不仁，治之以按摩醪药。"指出了利用按摩和药酒（醪药）搭配可以用来治疗经络不通、肌肉神经麻木等疾病。《素问·玉版论要篇》也说："其见之浅者，汤液主治，十日已。其见之深者，必齐之主治，二十一日已，其见之大深者，醪酒主治，百日已。"说明当病情严重时，可以使用药酒来配合治疗疾病。

其后，酒的这些作用和观念日渐深入人心，成为酒与保健文化关联的重要认知基础，且相较于洋酒在这方面的表达，国产酒的表达传递了饮酒的诸多好处（图5—41至图5—48）。有学者指出，中国特产的药酒是中药与酒精的结合，原料上选用处理后的中药，配上白酒、黄酒提取出中药中的有益成分，形成具有透光性的液体。传统的药酒是直接酿制而成的，即中药在酿酒时就加入。简单来说，中国特产的药酒就是在酒中加入中药成分。纵观历史，清代的酒在种类上更胜一筹，以烧酒为原料，采用蒸的方法生产药酒。由于原料多选用花及果实，因此得名"露"，例如较为有名的玫瑰露。药酒在功效上可以补充元气、延年益寿，士子普遍饮用。

图 5—41　金樽牌醇梁：国产原料酿造，绝不含酒精，少饮确能醒脑怡神 [1]

---

[1] 《金樽牌醇梁广告》，《申报》，1942 年 6 月 10 日，第 5 版。

图 5—42　煮酒：纯用糯米蒸制，可健身补血。蜜酒：色清味浓，芬芳馥郁 [1]

图 5—43　郑氏风湿药酒：主治筋骨疼痛，有行气活血、祛寒止痛的功能 [2]

---

[1] 《煮酒蜜酒广告》，《申报》，1940 年 11 月 7 日，第 1 版。

[2] 《郑氏风湿药酒广告》，《申报》，1949 年 1 月 1 日，第 3 版。

图 5—44　千岁酒：有补血养颜、强壮筋骨、滋阴固肾的功效 [1]

图 5—45　伤科瘰伤药酒：常服此酒可治瘰伤 [2]

①《千岁酒广告》,《申报》,1940 年 4 月 7 日,第 16 版。

②《伤科瘰伤药酒广告》,《申报》,1934 年 11 月 1 日,第 24 版。

图 5—46　蛤蚧酒：选用梧州全活蛤蚧加配上等滋阴补肾药品炮制而成[1]

图 5—47　大三星葡萄酒：补血又养颜，润肺生精髓[2]

---

①　《蛤蚧酒广告》，《申报》，1925 年 12 月 25 日，第 10 版。

②　《大三星葡萄酒广告》，《申报》，1929 年 9 月 1 日，第 18 版。

图 5—48　金叶双狮牌白兰地：此酒可补脑养神，活血辟温①

三、近代中国酒类的价格

在对《申报》进行整理的过程中，发现一则上海康成造酒厂所生产的酒类产品和价格信息，不妨摘录于此，这也可以让我们对近代中国上海的酒类消费市场有一直观认知。

谨启者：本厂所制各种花果露酒，香清味永，与舶来品无异，现下出品名目日益增多，恐各界未能尽悉，特将出品名目详列价表，以供爱国同胞选择购饮，藉补漏卮于万一也。兹将各种名目列左［下］：

---

① 《金叶双狮牌白兰地广告》，《申报》，1928 年 12 月 19 日，第 4 版。

新酿花果酒类		
目录	类别	价格
1	红橘子酒	每瓶五角
2	紫葡萄酒	每瓶四角
3	苹果露酒	每瓶四角
4	真青梅酒	每瓶四角
5	杨梅露酒	每瓶四角
6	白菊花酒	每瓶三角五分
7	金波露酒	每瓶三角五分
8	代代花酒	每瓶三角五分
9	香蕉露酒	每瓶三角五分
10	绿薄荷酒	每瓶三角五分
11	柠檬露酒	每瓶三角五分
12	鲜佛手酒	每瓶三角五分
13	桂花露酒	每瓶三角五分
14	茵陈碧绿	每瓶三角五分
15	象牌玫瑰	每瓶三角四分
16	红白玫瑰酒	每瓶三角
17	京方加皮玫瑰	每瓶三角五分
精制卫生药酒类		
18	万应药酒	每瓶六角
19	西洋参酒	每瓶六角
20	史国公酒	每瓶三角
21	周公百岁	每瓶三角
22	愈疯烧酒	每瓶三角
23	绿豆烧酒	每瓶三角
24	虎骨木瓜	每瓶二角四分
25	顺气橘红	每瓶二角四分
26	五加皮酒	每瓶二角四分

续表

高粱汾酒花雕类		
27	天津白干	每瓶五角
28	洋河高粱	每瓶四角五分
29	山西汾酒	每瓶四角
30	头等原梁	每瓶三角五分
31	真正高粱	每瓶三角
32	白糯米酒	每瓶三角
33	远年花雕	每瓶二角四分

上列各种瓶酒无论是批零购进出一律大洋批发，折扣均照向例，依本表所列计算。

上海康成造酒厂谨启。[①]

虽然此则材料仅有一小部分，但却具有很高的史料价值，展示出民国时期上海一家酒厂经营的各类酒品，展现了近代以来酒类经营的多元化。且借助其所标明的价格，和近代的粮食、花果等价格进行对比研究，可以看出当时极为丰富的社会面貌。

第三节　近代江淮地区酒消费图景观察

江淮地区，即长江与淮河之间的区域，位于中国河南省南部、江苏省、安徽省淮河以南、长江以北（下游）一带（包括扬州、泰州、南通、盐城、淮安、淮南、滁州、六安、合肥、信阳等主要城市），主要由长江、淮河冲积而成。这块区域，既饱经沧桑，给人以复杂的历史感，又生机勃发，给人

---

① 《上海康成造酒厂启事》，《申报》，1927 年 4 月 2 日，第 11 版。

以常新的时代感。该区域历来备受学界重视，海外学者对此区域的研究更是情有独钟。但是，也不可否认，学界对近代江淮区域酒消费图景的研究一直是较为缺乏的，尤其是将它放在地域文化视野下的研究。

在传统社会，一来人们很少有钱购买生活必需品之外的东西；二来社会等级森严，即使有多余的财富，人们也很难跨越社会阶层的界限去消费。也因此，消费主义的出现被看作一种解放性的力量，它使得人人都有权得到同样的商品，人们可以借由商品表达自我，获得身份认同。根据历史学家彼得·斯特恩斯的研究，现代意义上的消费主义出现于 18 世纪的西欧，最直接的原因包括以下几个方面：一是收入的增加，随着欧洲商业经济的发展，大批农民和工人获得了新的财富；二是新商品的涌现，茶、咖啡、服装和家具等，人们愿意把收入花费在这些消费品上；三是新营销方法的出现，商店老板们想出了各种方法诱使顾客消费，比如给贵族送礼物，通过他们的示范作用，激发人们购买相同物品的念头；四是追求享受的新观念的出现和对舒适的关注，重新界定了什么是奢侈品、什么是必需品，从而扩大了人们的需求，或者说欲望。

那在中国，消费主义又是怎么兴起的？历史学家连玲玲认为，20 世纪初，中国人的消费观念出现了一个重大转变，即从崇尚节俭到鼓励消费，推动这种转变发生的原因有两个。第一是百货公司的出现，一方面，百货公司对商品进行展示和陈列，刺激了人们的消费欲望；另一方面，百货公司舒适的环境，也让购物成为一种休闲活动。第二是广告的流行，商家为了销售商品，开始在报纸刊登广告，他们的宣传语通常会强调商品物美价廉，很像今天的直播购物，告诉你买东西是为了省钱，而不是不必要的开支，从而降低人们消费的"道德焦虑"。[①]

消费是消费社会的内核，这种社会的转变体现在以生产为核心向消费为核心的转变，社会展现出大规模的商业化特征，这一时期的产品，无论是精

---

① 连玲玲：《打造消费天堂：百货公司与现代上海城市文化》，北京：社会科学文献出版社，2018 年，第 5—7 页。

神产物还是物质，都可以被赋予价值参与市场交易。不过，资本可以再生产，价值不再是资本市场客观衡量产品的尺度，市场参与者将利润作为信条。要获取利润就需要有人参与消费，在这样的逻辑推理下，社会需要持续的消费，因此，要制造消费的需求。消费本身及社会对消费的需要会导致一种结果：消费成为一切社会活动的核心。《消费社会》中有此阐述：如今，环视四周，消费的普遍性和丰富程度令人咋舌，并且还在持续扩张。[1] 消费社会的典型表现是物质极度饱和、消费成为日常，这让享受成为一种常态。最核心的是人的观念在转变，人们开始以不同的观点看待社会、陌生人以及社会中的自己，消费文化就在这样的过程中产生。

物质性的商品兼具使用及符号价值，是对社会在结构及关系层面的反映。商品若要隐藏使用层面的价值，需要借助符号方面的作用，给商品赋予内涵，随后借助符号连通。

让消费社会中的商品具备意义，消费文化因此形成，这也成为消费社会的特征。商品本身具有特定的作用，不过在消费社会，其本身的功能已经不再重要，重要的是其传递出的价值及意义。商品的符号特性一旦超出能指范围，新的意义也由其所赋予。以精酿白酒为例，它指的不仅是气味刺鼻的酒精类液体，而且扩大到特定阶层，成为阶级的象征，此时人们关注的不再是商品在功能作用方面的价值，而是重视符号背后的信息。

当然，对于酒的消费，不同的人群是有不同选择的。在近代江淮区域，人群的贫富差距是极大的，一方面是依托洋人而滋生的新兴资产阶级，另一方面则是广大生活困苦的普通民众，尤其是近代江淮区域大量的苏北人。"1990 年以后，在上海的苏北人大部分不富裕，到上海的原因多在于洪水、饥荒等自然灾害，或是为躲避战争逃难到上海，在上海谋生的手段也是最苦的，例如拉黄包车、在码头或建筑工地做活、拉粪、扫垃圾、理发、搓澡工。

---

① ［法］让·鲍德里亚：《消费社会》，刘成富、全志刚译，南京：南京大学出版社，2000 年，第 1 页。

这帮苏北人很是边缘化，住在贫民窟，生活非常拮据。"[①] 在当时，富有者买洋酒，不富裕者饮用自产自酿的地方酒品。

一、洋河酒

在近代江淮区域，洋河作为酒类的一大宗，一直与江淮的酒类消费有着极为密切的关联，其名称之由来以地名为主[②]，体现了地域文化对近代江淮酒文化的深刻影响。洋河酿酒，始于汉代，兴于隋唐，隆盛于明清，曾入选清朝宫庭贡酒，素有"福泉酒海清香美，味占江淮第一家"的美誉。明朝时期，洋河大曲酒有了长足的发展。明代邱浚，文渊阁大学士，撰《大学衍义补》，记载有淮安制曲情况："今天下造曲之处惟淮安一府靡麦为多，计其一年以石计者毋虑百万，且此府居两京之间、当南北之冲，纲运之上下必经于此，商贾之往来必由于此，一年之间搬运于四方者不可胜计。"其酿酒用粮规模之大在全国应是数一数二的。清光绪年间，洋河酒坊达 27 家之多。在江淮人的区域社会生活中，洋河扮演了极为重要的角色。

1910 年，清末南洋劝业会《酒类审查报告》中说，江苏以产酒著名，所产高粱酒向以徐州府属之洋河镇为第一。1915 年，巴拿马太平洋万国博览会上，泗阳县三义酒获银牌奖章。1931 年出版的《古今地名大辞典》上明确指出，"白洋河，在明清时期，以盛产高粱酒而闻名"。1933 年出版的

---

① ［美］韩起澜：《苏北人在上海：1850—1980》，卢明华译，上海：上海古籍出版社，2004年，第 1 页。

② 洋河古镇历史悠久，隋唐时称白洋关，又叫白洋河。明清时期，洋河分属徐州府宿迁县和淮安府桃源县（今宿迁市泗阳县），交界处立有栅栏和石碑，碑额勒有"东临淮郡，西障彭城"字样。民国初期全部划归泗阳。洋河古属九州之徐州，《尚书·禹贡》篇根据九州土壤的性质，将土壤分为"壤""黄壤""白壤""赤埴坟""白坟""黑坟""坟垆""涂泥"及"青黎"九种，并依据各种土壤的肥力不同，又分为三等九级。《尚书·禹贡》指出这里土壤为赤色，土质有黏性（埴）和油腻状，而且坟起。草木生长不但茂盛，且渐趋丛生，土壤肥力中上，为九州土壤肥力中的第四级，田赋属第五级。这是原来的洋河土壤，也就是洋河下层的土壤。这种土壤非常适宜作酒窖泥，窖泥的好坏直接决定着酒质的优劣。

《中国实业志：江苏省》中记载："洋河大曲营销于大江淮北者，已垂二百余年。厥后渐次推展，凡在泗阳城内所产之白酒，亦以洋河大曲名之。今则'洋河'二字，已成白酒之代名词……"民国时期，江苏省重要酿酒业一览表中，洋河镇在全省酿造业中占据三席，即聚源泳酒坊、逢泰酒坊、南王人和酒坊。但1949年前的一段时间，洋河酒业日趋凋敝，只有叶家槽坊、罗家槽坊等少数小酒坊勉强维持生产。

近代江淮报刊中有关洋河酿酒的广告（图5—49至图5—53）也是频频出现，20世纪七八十年代也有洋河高粱酒的广告（图5—54、图5—55），这都折射出洋河酿酒对人们日常生活的深入影响。

图5—49　洋河高粱酒广告 [①]

---

① 《洋河高粱酒广告》，《苏州明报》，1937年4月26日，第2版。

图 5—50　洋河大曲的酿造方法、特点 [1]

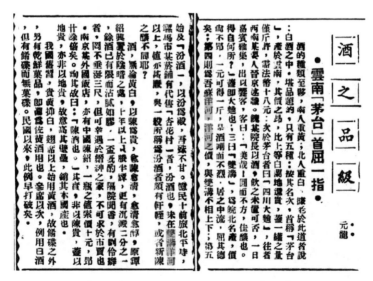

图 5—51　酒之品级，洋河酒排第四 [2]

① 《白洋河掇拾》，《时事新报》，1936 年 2 月 19 日，第 5 版。

② 《酒之品级》，《铁报》，1937 年 1 月 12 日，第 2 版。

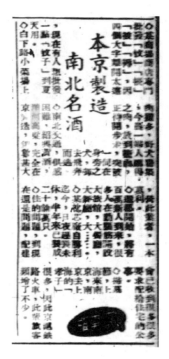

图 5—52　本京制造南北名酒[①]

图 5—53　洋河高粱酒价格[②]

① 《本京制造南北名酒》,《南京晚报》,1946 年 4 月 17 日,第 4 版。

② 《京市商讯》,《新申报》,1939 年 7 月 14 日,第 2 版。

图 5—54　张万泰祥酒庄洋河高粱酒广告[①]

图 5—55　泳丰品官酱槽坊洋河高粱酒广告[②]

---

① 《洋河高粱酒广告》，1975 年 5 月，宿迁档案 05-99-003-002-024，洋河酒厂股份有限公司档案馆藏。

② 《洋河高粱酒广告》，1975 年 5 月，宿迁档案 05-99-003-002-025，洋河酒厂股份有限公司档案馆藏。

洋河酒在江淮区域，尤其是在南京，受到一般民众的普遍欢迎。洋河酒常常由外地输入南京等地，可见其市场需求之大。

有一组数据，可以为我们直观描绘出当时洋河酒的市场供应量：

> 著名洋河大曲与双沟大曲，即产于淮北地区，另苏中之高粱烧也为大量出产，行销上海南京一带，产量估计全年：苏中8万5千石（百斤），淮北6万石（每月出口54万斤，全年6万石计），两地合计14万5千石。其他地区尚产酒，惟多内销，以上产销以丰收年成十二个月中都酿酒计算，但实际一般歉收年岁十二个月中并不每个月都酿酒。[①]

二、双沟酒

双沟大曲酒也是近代江淮民众生活中一个重要酒类饮品。唐代诗人韦应物在双沟地区写下《淮上喜会梁川故人》一诗。宋代大文豪苏轼在双沟留下了"使君半夜分酥酒，惊起妻孥一笑哗"的诗句。唐介在双沟渡淮时写下"斜阳幸无事，沽酒听渔歌"。北宋词人贺铸写有《送陈传道摄双沟戍商税》一诗，他写的《送陈传道摄官双沟》诗末四句为："应醉杯中物，谁闻泽畔吟。禅坊养奇客，轻别若为心。"元代诗人萨都敕写有《九日渡淮喜得顺风二首》。清咸丰年间，山阳诗人程钟在他的《望双溪》诗中描写道："淮上行舟望双溪（双沟），但闻酒香十里堤。未饮已有三分醉，不知何日是归期。"

双沟大曲原产地——双沟镇，位于江苏省西北，淮河下游，东临中国五大淡水湖之一的洪泽湖，西接安徽省五河县、泗县、明光市。地处淮河古渡，为泗州腹地，水旱码头，交通十分便利，上行可达中原腹地，下行可达大江淮北，自古为商贾云集之地。

---

① 朱耀龙、柳宏为：《苏皖边区政府档案史料选编》，北京：中央文献出版社，2005年，第437页。

双沟镇酿酒业源远流长，明末清初就已形成气候，一些私人槽坊竞相酿造高粱大曲。自清康熙五十八年（1719）起，双沟镇的全德槽坊、广盛槽坊、上涌源槽坊和下涌源槽坊及泰来槽坊相继创立。到清光绪二十六年（1900年）前后，这些私人大曲槽坊都达到了一定的规模，每一家槽坊日产双沟大曲少则 200 市斤，多则 300 市斤。槽坊多为个体经营，手工酿造曲酒，格局为前店后坊，自产自销，批零兼营。清光绪三十一年（1905），全德槽坊最高日产量达 600 至 700 市斤。全德槽坊仅售酒的门市就有 5 间，每天有 3 人站柜台卖酒。

清朝末期，双沟镇大小酒坊发展到 24 家，每天南来北往的车马舟船络绎不绝。凡路过双沟古镇，都要歇船上岸饮酒，或买酒留待途中饮用。镇上槽坊所酿双沟大曲，浓香独特、价廉物美，深受消费者的喜爱。槽坊产出的双沟大曲多半装坛放在前店柜台零售，这样，既可以收回部分现银，亦可以以粮兑酒，解决槽坊原料不足的问题，同时给囊中羞涩的饮客提供方便。剩余的酒用船外运到沿淮河、长江一带城市里的酒行去销售，或被一些外地的船民捎到全国各地去贩卖。由于双沟大曲一贯很重视产品质量，其产品在市面上供不应求。民国时期，扬州著名的公顺裕酒行就开始经销双沟大曲酒。是时，酒由槽坊雇船运输，每次 5 吨左右，一年要装五六次，酒船抵扬州运河码头，公顺裕酒行就召集市区各大同行前来卸货，分销双沟大曲。公顺裕酒行自销的双沟大曲数量最多可达三分之二，扬州市区中小酒楼酒店年销双沟大曲约 15 吨。

1935 年至 1945 年间，双沟镇的酿酒业发展到鼎盛时期，有大小槽坊 40 多家。1935 年，当地最大的贺全德槽坊已有两口锅甑，用工 30 多人，日产双沟大曲最高可达 800 市斤，年产量达 140 余吨，产品在本地已卖不完，槽坊派出大管家和账房先生把酒运到城里去卖。其中，著名的上海天顺祥酒行、扬州公顺裕酒行和富春茶园、苏州山塘街酒行、镇江柴碳巷万顺酒行等都是双沟大曲酒的定点经销单位（表 5—1）。上海天顺祥酒行为清代著名红顶商人王炽于清道光年间创立的百年老字号商行，它在北京、重庆、成都、昆明、济南等大城市皆有分号。双沟大曲得以进入这家商号，主要靠的是过硬的产品质量和贺全德槽坊的诚信度。

表5—1　20世纪40年代经销双沟大曲的酒行（部分）

城市名称	酒行（店）名称	老板
上海	天顺祥	华正清
南京	江北酒楼	不详
苏州	山塘酒行	纪万春
镇江	万顺酒行	田坤银
扬州	公顺裕酒行	不详
扬州	富春茶园	不详
宝应县	胡家酒店	胡修礼
扬州	许记酒行	双沟许氏
合肥	西大街酒行	不详
蚌埠	四马路酒店	不详
常州	东坡酒楼	不详

三、绍兴酒

绍兴酒，即黄酒，产自绍兴，故有此名。其品质之美，深受民众的喜爱。据《申报》介绍，绍兴酒之所以醇美，可以说与水的关系极为密切。

绍兴酒作坊用以酿酒的水，差不多都取自鉴湖，鉴湖水含盐、磷酸、铁等成分极少，极适合于酿造酒类。酿酒的原料有糯米、麦曲和酒药，糯米大都购自无锡、丹阳一带。酒药分两种：一种是白药，来自宁波；一种是黑药，来自富阳。麦曲多用本地制造者。酿酒的方法也有两种：一种是摊饭，一种是淋饭。售卖的酒家也多在近鉴湖一带，尤集中于阮社及西郭附邻，其中最著名者当推沈永和、章东明及王友梅等。

关于绍兴酒的由来，据传是春秋时期，越国曾有一种佳酿，贡献给吴国，伍子胥三军曾痛饮这种佳酿于嘉兴一带，饮后将空坛堆积成山，现尚遗名"瓶山",传为千古佳话。

民国时期,绍兴商会理事长陈笛荪曾指出,在全盛时代,绍兴全县的酿酒者争先恐后制酿着,大概有三十余万缸之多。每缸可灌十坛酒,糯米一石八斗,可酿酒一缸,一坛酒,大概多为五十斤,酿造坊附带产一些烧酒,酒制成后,剩余的酒糟都可以售之于市,足抵人工和柴火的开支。

全民族抗日战争胜利后,绍兴当地成立了行业商会,有人在商会上提议,把绍兴酒运往西半球,与外国酒争一争短长。但是绍兴酒不适合包装,包装以后要沉淀,只用土罐子泥巴盖了原坛外边,似乎又不美观。如果把玻璃瓶子或其他包装中的空气抽出,内贮绍兴酒,埋藏或储藏若干年后,酒质量不会变好,这又不能与白兰地等年代愈远品质愈好的酒相比。所以又有人说:"为今之计,我想国内各地应该一律用国货绍兴酒,再不要用外国来的酒,什么鸡尾酒会,还不如绍兴酒会的好,以使绍兴酒能够活跃在中国的市场上,使绍兴酒的酿造者资金灵活;然后再由政府或有资金者以科学的方法,设厂精研,再行销国外。"[①]

四、中国酒的命名文化

上述"洋河""双沟""绍兴"等酒,名称中均包含了地名。在中华民族悠久的历史长河中,酒不仅是物质上的一种饮品,还承载着特殊的内涵,如今更是社会中常见的物质。有学者研究指出,白酒名称的来源有 10 种,例如依据地名、依据人名等。[②]

---

① 《绍兴酒与淡水鱼》,《申报》,1946 年 12 月 17 日,第 9 版。
② 研究白酒的命名,具有很重要的意义。如有学者指出,白酒品牌命名研究的语言学价值在于白酒品牌命名属于命名学的范畴,而命名学是语言学的有机组成部分。语言学处于不断的建构和完善之中,白酒品牌命名的研究为语言学研究增添了新的对象和内容。白酒品牌名称属于专名,对其进行研究可以丰富和发展专名理论,同时对符号学理论也是有益的补充。白酒品牌命名的研究还可以促进商标命名学、商标语言符号学的建立和完善,为这些学科勾勒出初步的理论框架。对白酒品牌命名进行研究,揭示其作为一种语言现象的特点和规律,有利于人们更好地认识和驾驭语言,为品牌命名服务。

　　将地名与白酒命名结合起来，其背后折射出地域文化视野下人们对白酒消费的认可。在江淮地区，酒是一大古老行业，酒名多承袭当地的特色地名。天时、地利、人和，才能酿出好的白酒，名山、名湖、名泉、名井是好酒的取水地，因此，众多著名的白酒以此建立了品牌文化。

　　白酒的品牌名称众多，例如汾、郎、董、习、潭、茅台、泸州、古井、西凤、枝江、绵竹、河套、丛台、宝丰、滨河、玉泉、张弓、泰山、圆明园、白鹤泉、趵突泉、百圣泉、黄鹤楼、天宝洞、采石矶、长三角、古贝春、紫光液、齐鲁春等。茅台是当下很著名的白酒品牌，其名称出自贵州省仁怀市茅台镇。天宝洞的酒库位于天宝洞这个天然洞穴，因此得名。齐鲁春产自山东省青岛市，所以有此名称。①之所以起用这样的名称，一方面，正如我们上文所说，酿酒的过程与地域自然因素有着密切的关联；另一方面，传统社会酒的消费一般局限于当地，不出乡里，所以用地名命名，更加具有亲切性、认同性，更能够满足消费者的心理需求。

　　与此同时，当地名融入白酒名称之后，就成为一种"符号之符号"。地名最初只是对地理位置的描述，后来包含众多信息，成为竞争时的一大亮点。有此名，词语符号的属性自然随之名物化，并转化成为专名，被消费者赋予了自发联想的语义。消费者进行饮酒消费时，不仅仅是对酒的一种消费，更是对酒名称的一种消费。

　　中国丰厚的传统文化土壤滋养了白酒文化，白酒的品牌名与我国传统文化密不可分。当然，除了以地名命名外，还有其他很多命名原则。比如，以人名命名的，如包公、曹操、魏王、文王、宋祖、曹雪芹、杜甫、杜康、刘伶、太白、诗仙太白等。文王的典故源自"文王饮酒千盅，孔子百觚"；宋祖的典故源自"杯酒释兵权"。从原料来看，有五粮液、竹叶青、明绿、四特、盛世佳酿、绵竹大曲、全兴大曲、双沟大曲、枝江大曲等。竹叶青是黄酒、竹叶的合酿酒，如今的配方有过改进，原料选用汾酒和陈皮、砂仁、当归、零陵香、公丁香、广木香、紫檀香这些价值很高的药材，辅之以蛋清、

---

① 汪律：《中国白酒品牌命名研究》，硕士学位论文，湘潭大学，2009年。

竹叶、冰糖，采用浸泡工艺制作。还有以酒窖、酒坊作为命名依据，例如国窖 1573、华窖、湘窖、口子窖、古粳窖、泸州老窖、水井坊、口子坊、一品坊、江淮古坊、永盛烧坊、尖庄、百年老店、天成祥等。

　　总体而言，地域文化对白酒的影响是多元的，除地名等因素外，我们也要看到相对于报刊所载的洋酒、国酒等类型，近代江淮区域的地域酒饮品生产虽有发展，但是这种发展是有限的，与一些发展比较快的现代机器制酒厂相比，江淮区域只是自产自销，或是以销定产，产量很少，市场只局限在当地。江淮区域一般采用传统方法酿造酒，不足以形成规模。如当时关于绍兴酒就有记载："绍兴酒之销于本地者，曰本庄；销于外埠者，曰路庄。路庄酒多从宁波、杭州及上海一带，转运至珠江、长江、黄河流域；间有运销外洋，如印度等地，亦不在少数。绍兴酒的范围，也不能算是小了；但终于抵制不住外酒的输入，其最大原因，在对酿造者之墨守旧规，不加改进，两千年前的酿造方法，与目前所应用，实无十分差别，深愿绍酒业同人，留意及之。同时，更希望政府能减轻税额，使其得与洋酒，自由竞争，以挽回金钱之外溢。"[1]

　　总之，上述酒广告，无论是西式化直接传播，还是经过国人改造的变化载体，都是近代消费场景图像中的很小的一个部分。本章勾勒的是洋酒广告和中国国产酒，并以江淮地区的酒文化与消费图景为切入点观察。但是，我们也可以从中看出，近代中国酒文化消费的多元和多样化、近代中国酒业在传承发展中的创新，以及报刊媒介上对酒文化的宣传。

---

[1] 《绍兴老酒》，《申报》，1935 年 8 月 1 日，第 20 版。

第六章　近代中国酒业、市场与大众文化图像

图像是文化的载体与视觉呈现。"酒的历史几乎是和人类文化史一同开始的，在世界古老的文明民族的各种传说和文字记载中都有关于酒的故事，以至于我们翻开几千年华夏文明史的每一页都能嗅到它的芬芳。放眼古今，社会生活的方方面面，我们都能随时随地感觉到它的存在。"[①] 事实也的确如此，翻开历史的任何一页，我们都能寻觅到酒的踪影。酒作为一种物质文化，其形态异常丰富，尤其是在近代中国，这一特点更为明显。在本章中，我们重点分析酒图像及其与市场消费和大众文化之间的勾连。

第一节　作为商品流通的酒与大众消费图像

一、商品的交换属性

中国人重视交际，酒被视为交际工具。徐兴海先生认为：从文化的意义上说，酒是物质文化与精神文化的结合体。酒虽然是饮料，但是其中蕴涵了中国人的精神、文化。酒与政治、经济、文学艺术等结缘，极大地影响着人们的社会生活。酒文化具有特殊的意义，中国酒文化是学习和掌握中国文化最好的切入点之一。

酒的交际功能，最关键的就在于它的商品属性。酒可以被看成是商品的一种，能够用来交换其他的产品，所以其本身也具备一定的交换价值。

---

① 向春阶、张耀南、陈金芳：《酒文化》，北京：中国经济出版社，1995 年，第 1 页。

在马克思的观点中，交换价值就是同时具备使用价值的两种量，进而确定二者之间的比例关系。例如，一张兽皮能够换得 50 斤粮食，那么，二者之间就是彼此的价值关系。但是，两种商品并不相同，为何要按照比例进行交换，这就需要探寻其使用价值。也就是按照使用价值，确定交换的比例，同时，在转换关系数量的过程中，一定会存在恒定的参照物。但是全部的产品都需要通过人类生产，其中涵盖了人类的劳动价值。产品的价值，实际上是人类赋予的。因此，按照使用的差别，参考相应的比例，即可完成交换，以此提升价值。因为商品的差异，所以其价值一般在量上会造成一定的影响，并且可以实现对比分析。而且商品价值本身就包含了人类的劳动，价值也是实现交换的根本条件，利用交换提升价值含量，或者也可以说是因为交换的存在，商品才展现出了价值。所以，商品本身同时拥有价值和使用价值。[①]

当然，正像笔者始终不断强调的酒文化观念，酒作为一种商品，不仅是经济意义上的酒（即酒作为商品的交换价值），而是与社会科学紧密联系，在人们的日常生活中具有多元使用价值的酒。以斯密对此的相关论述，我们可以有一个较为清楚的认识，具体来说，商品交换实际上是人们自身制定的特征。商品交换仅在人类社会中存在，动物并不会明白交换的意义，甚至不会遵守约定。斯密提出了三种交换时期，分别为畜牧、农业、商业这三个阶段。进入清末民初之后，中国酒业作为商品已经进入了商业时代。

二、流通场所的底层化

翻开一些地方历史文献，随处可以看到有关酒的记录。如万历《通州志》卷二"风俗"中这样记载："吾乡先辈，岁时宴会，一席而宾主四人共之，宾多不能容，则主人坐于宾之侧。以一瓷杯行酒，手自斟酌，互相传递。肴果取具临时，酒酤于市。性其土风，不求丰腆，相与醉饱而别，以为常。"嘉靖《通

---

① 赵守珍：《商品知识》，北京：北京邮电大学出版社，2016 年，第 4 页。

许县志》卷上"人物·风俗"中说道:"成化以前,人心古朴,酒乃家酿,肴核土产。是后,崇尚侈僭,食菜至二三十豆,酒必南商鬻者。"

嘉庆《於潜县志》卷九"风俗"记载了一个县城的饮食状况:"饮食款客,竞务丰腆,遇喜庆事,多宰羊豕,大脔累累盈盘,饮酒以献酬交错为敬,多有留连永夕者,具足觇人情之厚,然未免过縻矣。"在清末民初,西餐馆、酒吧开始陆续出现,一般会提供伏特加等饮料,以及英、德等国家的菜式。上流人群对于饮食的选择也存在一定的差别,大部分的中国人喜欢国内的饮食,但是一些追求新鲜事物的人群,开始追捧西餐。但是平民阶层,依旧喜欢在酒肆中饮酒。酒肆花费不高,而且有很多的小吃,甚至能够赊酒。在城市中,有很多的小酒肆①。酒文化、饮酒的风俗在中国每一片土地上都可以寻觅到身影。如梁实秋描写饮酒的乐趣:

> 酒实在是妙。几杯落肚之后就会觉得飘飘然、醺醺然。平素道貌岸然的人,也会绽出笑脸;一向沉默寡言的人,也会议论风生。再灌下几杯之后,所有的苦闷烦恼全都忘了,酒酣耳热,只觉得意气飞扬,不可一世,若不及时知止,可就难免玉山颓欹,剧吐纵横,甚至撒疯骂座,以及种种的酒失酒过全部地呈现出来。
>
> ……
>
> 对于酒,我有过多年的体验。第一次醉是在六岁的时候,侍先君饭于致美斋楼上雅座,窗外有一棵不知名的大叶树,随时簌簌作响。连喝几盅之后,微有醉意,先君禁我再喝,我一声不响站立在椅子上舀了一匙高汤,泼在他的一件两截衫上。随后我就倒在旁边的小木炕上呼呼大睡,回家之后才醒。我的父母都喜欢酒,所以我一直都有喝酒的机会。"酒有别肠,不必长大",语见《十国春秋》,意思是说酒量的大小与身体的大小不必成正比例,壮健者未必能饮,瘦小者也许能鲸吸。我小时候就是瘦弱如一根绿豆芽。酒量是

---

① 秦永洲:《中国社会风俗史》,武汉:武汉大学出版社,2015年4月,第99页。

可以慢慢磨炼出来的，不过有其极限。我的酒量不大，也没有亲见过一般人所艳称的那种所谓海量。古代传说"文王饮酒千盅，孔子百觚"，王充《论衡·语增篇》就大加驳斥，他说："文王之身如防风之君，孔子之体如长狄之人，乃能堪之。"且"文王孔子率礼之人也"，何至于醉酗乱身？就我孤陋的见闻所及，无论是"青州从事"或"平原督邮"，大抵白酒一斤或黄酒三五斤即足以令任何人头昏目眩黏牙倒齿。惟酒无量，以不及于乱为度，看各人自制力如何耳。不为酒困，便是高手。[1]

梁实秋先生所说，所谓酒饮微醺的趣味，才是最令人徘徊的境界。他用文学化的语言描绘了近代中国人的酒与社会生活，其中有喝酒的淡然，也有喝酒的文化，更有大众消费的社会图像。社会地位高的人，在小店中吃饭，只不过是为了一时新鲜而已。一般在小酒肆中，渔夫等基层群体是主要的消费者，也是这些人群买酒的重要渠道。

民国时期，兴起了很多饮酒风尚，比如饮用葡萄酒和啤酒。酒作为一种奇特而又富有魅力的饮料，深入千家万户，成了众人雅俗共赏的饮品，也成为民国市场上处处可以看到、处处都有售卖、处处都有消费的日常商品，是民国市场文化的重要组成部分（图6—1）。

---

[1] 陆庆祥、章辉：《民国休闲实践文萃》，昆明：云南大学出版社，2018年，第229—230页。

图6—1 逢年过节，大碗酒、大碗肉请客吃饭
是重庆人的一大习俗（1907 年）[1]

第二节 作为大众养生文化的酒业消费图像

一、符合国人的传统购酒心理

酒作为一种饮品与大众社会生活文化之间的勾连，离不开其最为关键的一个功效，即酒的养生文化价值。

民国时期，随着近代社会文化的改变，人们越来越关注自己的身体健康，有机作物、绿色食品及养生保健等概念不断地被提出，人们的焦点也由吃饱穿暖延伸到健康养生，并不断追求更有质感的生活。"在中国最早出现'卫生'是在养生思想中提到，经过发展，开始成为现如今的生活模式。在历史的发展中，语义不断转变，进而形成了现如今的卫生释义。当前卫生已经成为医学发展的重要基础，并且是转变百姓生活习惯的重要理念。站在身体的

---

[1] 近代生活图片，重庆市图书馆藏，晚清类，架号 0332。

角度上，展现社会、权力的变化，进而从全新的视角，形成全新的注脚。"[①]
罗芙芸认为，卫生是造成当时贫弱的重要原因，也是判断国内外现代化差距
的重要因素[②]。张仲民提到，"卫生"是一种准则，并且也是判断中西方差异
的重要标准，若是精英人群能够利用卫生扭转国家的现状，并且使得观念更
加地科学，则广告就需要直接和理论内容相结合，进而促进卫生的发展。

　　由"卫生"所引起的民国时期养生热潮在 20 世纪 20 年代逐渐兴起。这
一时期的养生理念，除了精神层面的修养及锻炼外，生活物资的使用也是非
常重要的一环，而酒则是养生概念中一个非常重要的物质。在早些时候，针
对酒功能的相关研究中，中医药学家指出，酒味道苦辛，能够和各种草药一
起使用，可以促进药物的循环，能够规避毒瘴，有温养脾胃等功效，能够避
免出现因为服用草药进而出现副作用的情况。通过酒和苦寒药物共同使用，
能够很大程度上平衡药性。

　　相关文献中各类酒的功效及其养生价值摘录如下：

　　黄酒：历史悠久，其中的酒精含量并不高，但是其性热，能够温养脾胃，
可以达到祛风通络等目的。黄酒中的营养较高，而且包含了氨基酸。例如，
墨老酒中蕴含的氨基酸总共包含 17 种，并且在每升中存在 10 克以上的氨基
酸成分。因此，气血亏虚等病症的人群，都可以适当饮用黄酒或者药酒。

　　白酒：一般是利用蒸馏的方式获取的。蒸馏酒中酒精含量比较高，甚至
其中还包含了高级醇类、脂肪酸类等物质。因为香味不同，酒的特色也不相
同，有一定的药用价值，具备厚肠胃、润皮肤等效用。

　　葡萄酒：葡萄酒中酒精含量只有 10% 左右，其中的营养物质比较多，
能够预防多种类型的病症。

　　啤酒：主要是通过酵母菌发酵。在啤酒的酿造过程中，因为其种类的差
异，麦汁浓度也存在一定的差别，通常是处于 7% 至 20% 的范围内。啤酒的

────────────

① 刘娟：《从〈大公报·医学周刊〉看民国时期现代卫生观念的传播》，《新闻与传播研究》，
2014 年第 5 期。
② 罗芙芸：《卫生的现代性：中国通商口岸卫生与疾病的含义》，南京：江苏人民出版社，
2007 年，第 5 页。

维生素很丰富，蕴含850种化合物成分。在药用中，有活血、提神等功效。

二、强调健康与卫生

在现代的医学中，酒精的使用十分普遍，例如消毒、活血等方面。酒精的刺激性比较强，能够替代药品的使用。中国古代就已经开始使用酒治疗疾病，例如扭伤、湿寒痛症的患者，通过酒的使用，促进人体经络的疏通。中暑的人和高烧病人，也可用高浓度的酒擦拭身体，因为酒蒸发时要吸收较多的热量。所以，我们说饮酒不仅能助兴添趣、宣泄情感、促进食欲、帮助消化，还能消除疲劳、疏通血脉。

图6—2　上海宇洪药酒广告 [1]

---

[1]　周德明：《上海漫画丛书·商业广告》，上海：上海科学技术文献出版社，2016年，第70页。

此类功效，在各种酒类的广告中十分常见（图6—2）。《德善堂新制三宝活血药酒》的广告对此也有生动而细致的描述：

> 三宝者精气神也，为人生养命之本，一身之功名事业全赖乎此，实不可缺其一也。盖体质薄弱之人，皆由于精气不足，而失其生化之源，则百病丛生。不但康健之乐境尽失，而且病魔缠绵，功业俱废，往往不可救药，殊属可悯。兹得异人传授，精制此酒，为济世第一奇方。
>
> 功能：壮精神、调呼吸、强筋骨、补命门、益丹田，开胃健脾、止咳化痰、活络培元、固本养血，实有去病延寿之功、返老还童之妙，屡经屡验，非寻常可比，且兼药性和平，四季可饮，诚为除病之仙丹、养生之至宝。本堂为推广起见，并非希图渔利者也。购酒一瓶送三宝奇书一本，此书大有功益，得之不易，请勿轻视。①

在近代中国，面对养生概念的兴起，药酒也是供不应求。面对市场的大量需求，一些药酒甚或有涨价，如上海蔡同德堂药酒便有增价声明："开设已久，遐迩咸知，即药酒一项精制研究，销路益广，由是专设酒厂。近因原粱价昂，原定之价不敷于本，为此将各种药酒每瓶加价洋五分（每瓶一斤），如虎骨木瓜酒之类，多由购主运往外埠，但本堂并无分设之处，在外或有假冒牌号，顾客务请注意。原定阴历二月朔日起，一律增价。"② 再如，"中国有名之酒，以北方之高粱，南方之绍兴为首屈一指，此外尚有五茄啤酒、虎骨木瓜酒、龙眼酒等，均为强壮身体之普通药酒；豆淋酒（黑豆所制）为调整尿血瘀血之药酒，桑葚酒（桑实制）可以聪耳明目治水肿，葚酒（桑枝与根制）可以愈脚气、中风，菊酒以愈头痛，紫酒（鸡粪所制）以治中风，霹雳酒（热铁浸入酒中）以得仙气，名目繁多，举不胜举，要之以治病为目的

---

① 《德善堂新制三宝活血药酒》，《申报》，1916年5月7日，第4版。
② 《上海蔡同德堂药酒增价声明》，《申报》，1927年3月4日，第2版。

者，无药不可以为酒，无酒不可以入药，是故健胃可用肉桂，祛痰可用桔梗，祛风邪则有防风酒，活血行则有益母酒，甚至发汗用麻黄之酒，下积用大黄之酒……盖皆以药为主而酒为辅者矣。"①

第三节　作为大众礼物馈赠图像中的酒

酒属于商品的一种，并且通过交换，以此构建交易双方的平等关系。而不可忽视的是，在这一平等的客体关系中，酒作为礼物交换发生的又尤为密切。在对近代《申报》等报刊进行整理的过程中，我们发现其广告词中，多次提及酒作为礼物的价值与意义。礼物本身就有特定的含义，其基础内涵是"礼"，表象形态是"物"。

在我们日常生活中，礼物的交换，是为达到人与人之间互惠的目的。无论是亲人家属，还是松散联系的各种社会关系，送礼都需要按照彼此的关系完成礼物的选择。在礼物的回馈中，也需要遵守相应的礼仪，以此循环往复。人们在礼物的相互流动之中，实现价值理念的共享，展现自身的诉求。此外，中国人看重的祭祀场合，是天、地、祖先和人之间构建情感上的关系的一个重要场合，通过这个场合礼物的交换，满足人们美好的愿望。所以，交换礼物能够促进人们价值理念的统一化发展，稳定社会关系。《游戏报》有很多与娱乐有关的广告，例如茶馆、酒楼、戏园、烟馆等演出及消费的折扣讯息，或游花园、看焰火、观影戏等西式娱乐活动宣传，若干洋味儿十足的休闲小品也来到中国，由美、英、日三国制造的雪茄、纸烟、啤酒在报上大登广告。在检阅这些广告文本的过程中，笔者发现一个很有趣的现象：中国本土原有的传统娱乐活动，在做广告时内容比较简省。以戏曲广告为例，广告内容仅告知演出地点、时间、演员名单，有时也公布演出的剧目，但仅此而已。相较之下，西式娱乐活动广告则有较多的文字说明，广告中除了告知上述资讯，

---

① 《中国名酒考》，《申报》，1935 年 3 月 2 日，第 17 版。

也包含该娱乐活动的起源、内容、类别的说明，还有对活动过程的记录与描述，并经常刊登相关的新闻或评论。无论是报馆或广告主的态度，广告重心侧重于西式娱乐活动的倾向均显而易见，这在近代酒类广告营销中十分常见。

一、节日庆祝的酒

在传统节日中，礼物交换是十分常见的社会文化内容，而且可以稳定社会发展状态，维系人际关系。中国人十分喜欢礼物交换，例如在春节期间，赠送酒水、糕点等。中秋节是第二个备受国人关注的节日，在明代之后，中秋节逐渐兴起送礼的传统，这一习俗已经有数百年的时间。1940年中秋节前夕，上海电话购货服务公司连续半个月发布的中秋送礼佳品广告（图6—3），其中就含有张裕葡萄酒。所以，围绕节日营销，也就产生了各种各样的以酒作为礼品的社会交往活动。《中秋送礼佳品·张裕美酒》中写道："烟台张裕酿酒公司所制各种葡萄酒白兰地，质量超特。五十年来驰誉中外，为国产第一佳酿，高尚人士、宴客送礼，到处欢迎。现届中秋，各界采为礼物，公认为最高贵而实惠之珍品，莫过于此云"。①

---

① 《中秋送礼佳品·张裕美酒》，《申报》，1941年10月1日，第10版。

图6—3 中秋送礼佳品广告[①]

　　春节是中国人一年中最为隆重的节日了，在这样一个超常规的时空中，酒作为礼物来馈送成为具有丰富文化内涵的特殊社会现象。《张裕公司年节忙》中写道："张裕公司制酿白兰地酒、红白葡萄酒，素为国人重视，现值岁尾纷纷向该公司采购，踊跃异常，新年陈设或馈送礼品颇合宜云。"[②]受传统文化的影响，礼物在我国有着符号性的意义，在人们日常生活中，礼物承载着一定的仪式感，能表达人们相互之间的祝福和希望。在人际交往过程中，赠送礼物是非常常见的，人们经常通过送礼的方式，来扩大社交范围，联络与他人的感情，从而为自身在社会中的发展提供便利[③]。

① 《中秋送礼佳品·张裕美酒》，《申报》，1941年10月1日，第10版。

② 《张裕公司年节忙》，《申报》，1925年1月17日，第17版。

③ 李静静：《传统节日场域中礼物馈赠现代转型的文化解读：以中秋节为例》，《山西师大学报》（社会科学版），2017年第4期。

简而言之，近代各类酒品牌的塑造，逐渐推动酒作为礼物的专有化、品牌化与时代化。所以我们说，在现代社会发展的过程中，酒作为送礼的首要选择，在保留我国优秀传统文化的同时，为了适应当今社会和当代消费者的需求，还做出了很多调整，以此来对传统文化进行重构。

二、馈送亲友的酒

酒作为一种馈赠关系的礼品交换，折射出礼物交换中的互惠原则。在中国文化和社会当中，人们喜欢礼尚往来的处事原则。礼物承载着人们的情感，而这种情感需要有来有往，有来无往是无法维持良好的人际关系的。

在此方面，已有的研究均特别强调了"礼"与"物"的重要性。翟学伟研究发现，中国社会中人际关系包括情、缘、伦三个组成部分，要想理解中国社会人际关系的本质，就必须要对这三者之间关系进行深入研究。我国社会人际关系包括人缘、情缘和人伦三个组成部分，其中情缘占着核心地位，表明中国人的心理和行为活动都以亲情为基础；人伦是我国人际关系在制度上的表现，为人们的交往活动提供了规范性原则，让人们有了可以遵守的秩序和规则；人缘是对人际交往关系的设定，它把人际关系限定在了一个框架中。[1] 黄光国在社会学、社会心理学等理论的基础上，构建人际关系的框架，在对中国社会中人们的行为进行描述的同时，还构建了一个一般模型，以此来对大部分文化体制下人们的互动过程进行解释。在他看来，要想理解人们的行为，必须要从人情、面子、关系这三个角度出发。另外，他还发现，中国社会中人们交往的基本形式，就是借助面子来构建自己的私人网络。他指出，中国跟西方国家有所不同，中国的社会关系网络是具有等级性、结构化特征的，并且在该网络形成过程中，面子发挥了非常重要的作用。[2] 其实，用一句话概括来说，这些研究成果普遍指出了礼物与互惠的社会人际交往

---

① 翟学伟：《人情、面子和权力的再生产》，北京：北京大学出版社，2005 年。
② 黄光国：《人情与面子》，北京：中国人民大学出版社，2004 年。

关系。

如在《上海新开同福永高粱烧酒行》广告词中写道："另制各种花露瓶酒，清香扑鼻，浓厚适口，足称酒中特品。凡馈送官礼、大庭饮宴均相宜，其装潢之精雅，携带之便利，仿市售买，罕有伦比。"①

再如，有的酒类产品，为了突出强调其作为礼物的贵重价值，还专门在广告词中强调了其产品并非家常自饮之品，而是敬礼上宾之品。譬如，"香槟啤酒与普通啤酒及金头香槟酒不同。普通啤酒味苦，能致腹胀。香槟啤酒味甜，功能消食。金头香槟酒为敬礼上宾之品。香槟啤酒，则为家常自饮之品。因其价值之廉，则与普通啤酒相等。而质味之美，则与金头香槟相同，故为社会所欢迎。"②

酒作为一种礼物，在人们的社会交往中发挥着非常重要的作用。通过礼物交换的形式，我们能窥探一个社会中文化运作的基本规律。在交换主义理论中，强调所有社会与文化都是在交换的基础上维持的。另外，结构功能主义也强调，社会行动最基本的逻辑就是互惠交换原则。

三、国货之礼品的酒

20 世纪二三十年代正是国货运动高涨的时期，以销售商品为目的的国货广告在报刊上大量出现。《申报》中的国货广告语通常会融入爱国主义的内容，让国民通过消费行为增强爱国情感、民族自豪感和认同感，这极大地推动了民族资本主义的发展。另外，国货广告中的爱国语录，在一定程度上降低了爱国主义的神圣性，拉近了人们和爱国主义之间的距离③。

对此，酒类广告与国货认知紧密地联系在一起就是一种自然而然的事情了。《唯一国货三光啤酒》广告词中描述道："质料纯良，气足味香，国货啤

---

① 《上海新开同福永高粱烧酒行》，《申报》，1915 年 9 月 4 日，第 4 版。

② 《香槟啤酒之说明书》，《申报》，1926 年 5 月 30 日，第 18 版。

③ 王儒年：《国货广告与市民消费中的民族认同：〈申报〉广告解读》，《江西师范大学学报》，2003 年第 4 期。

酒首推三光,营销以来,人人赞赏,宴客送礼,最为适当。"① 在这则广告中,"国货啤酒首推"等话语,构成了广告所倡导的消费方式,并将消费方式与民族认同结合在一起。

王儒年分析指出,国货广告属于国货运动中产生的副产品,一直处于边缘地位,不能引导国货运动的发展,但是它却在潜移默化的氛围中为国货运动的发展助力。另外,它还能以自身特有的形式,将国货运动的经济、政治主张融合在一起,用无声的语言影响国民内心的情绪,从道德、观念上激发他们的爱国情怀,进一步影响他们的消费行为。从这个角度来看,在国货运动中,国货广告占据着重要地位,能对国货运动起到延伸意义的作用。

在此关注社会关系的框架视野中,文化地景另可以用社会主义的批判角度来理解。如前述的社会关系便可视为是一种资本生产,而经由资本生产所产生的商品,可谓是一种地景。因此,从此商品的形式、意义与再现表达中,也可以反映出当时资本社会关系的地景。

在近代中国,大众文化的崛起是一个十分引人注目的现象,它已是多元文化格局中不可或缺的一部分。而酒作为商品经济的产物,它的崛起有其深刻的内在必然性。众所周知,中国人和酒之间有着说不清的渊源,在中国人的社会交往、婚丧嫁娶、生老病死等多个领域,都离不开酒的作用。酒中凝结了人们的欢乐、悲伤等各种情绪。即使是 21 世纪的今天,各种场合中都有酒的出现,似乎若少了酒这个角色,这些场合就少了几分颜色。事实也的确如此,正如上文所言,酒作为一种商品,不仅成为日常生活中须臾不可离开的物品,也成为人们社会交往中须臾不可离开的礼品,更成为人们养生文化中不可或缺的"药品"。酒与酒图像就是这样通过对近代中国市场的渗入,构成了一幅丰富多彩的近代中国大众文化消费图像。

---

① 《唯一国货三光啤酒》,《申报》,1927 年 5 月 8 日,第 2 版。

第七章　近代酒类图像的大众传播与多重面向

广告发展的过程，和商品生产发展、市场经济发展之间有着密切的关系，广告是商品宣传和营销的重要途径。在我国近代社会中，广告的出现有两个原因，首先是西方商品的大量入侵；其次是传统手工业作坊逐渐被民族商业所取代，广告是在民族资本的发展壮大过程中产生的。

随着工业革命的到来，我国近代社会中的消费品也开始朝着现代化的方向发展，为了适应新的社会发展模式，大量商品开始采取广告营销的手段。同时，社会中的大量外来商品和我国传统商品之间展开了激烈的竞争，导致我国传统商品的市场份额被压缩。在外来商品和我国传统商品相互碰撞的过程中，国民的消费品位、审美情趣都有了极大的提升。

近代时期的很多民办报刊，为了获得更多商业营收，它们刊登广告的数量每年都在增加，广告中商品包括烟酒、服装、药品、化妆品等多种类型。从报刊创立初期一直到停刊，始终都能看到烟酒、化妆品、药品、钟表和服装这几类产品的广告，并且广告的方式也在不断更新。广告内容的变化，能反映出当时社会变迁的情况。在时代发展过程中，广告为我们留下了大量可考证的信息，根据这些广告，我们能分析当时社会发展和转型的趋势。

另外，在这一时期，画报得到了社会大众的广泛欢迎，于是商品信息有了新的传播途径。跟报刊不同，画报有着更为庞大的受众群。报刊面向的是市民阶层，上面刊登的故事、小说是他们在茶余饭后的谈资。而画报除了面向市民阶层之外，还面向更广泛的大众阶层，上面刊登的漫画、图片能更加直观地向人们传递信息。通过图片的形式，将社会中发生的各种故事更加直观生动地传递给大众。从某种程度上来说，这种阅读文化是我国现代图文阅读时代的开端。"发行广泛的画报取代了文学家庭杂志。这种画报以广告为经济来源，并通过订阅得以流传。尽管画报以扩大书籍销售额为目标，它仍目睹了一种不再相信文字力量的文化的兴起。"① 在这种情况下，读图在这一时期成了一种相对主流的认知方式。

伴随着近代消费文化的此起彼伏，20 世纪上半叶酒类图像就经历了兴起、繁荣、衰退、转型这样完整的周期。20 世纪二三十年代，酒类图像在国内获得了飞速发展，受到了国民的广泛追捧，之后其影响力扩散到印度、欧美等国家的华侨群体中，强大的受众群体是其飞速发展的坚实基础。酒类图像是反映社会变迁的镜子，翻看酒类图像的变迁史，我们能够了解到当时社会中人、物、事的方方面面，它反映了我国近代社会从封闭走向开放、社会文化从单一走向多元的过程。人们在受酒类图像内容影响的同时，也会影响酒类图像的发展，所以，酒类图像不但有历史价值，还能反映出当时人们的心理变化。不论任何一张酒类图像，其从创作到完成皆受到许多因素的影响，因此，在同一张酒类图像上所呈现的时代讯息不会是单一的，而是多层次、多样化的，这也正说明酒类图像对当时社会的反映并不会局限于某一隅，而是多面向的。

第一节　近代酒类图像与大众心理的投射

在城市化进程、市场经济发展过程中，逐渐产生了大众文化，而大众文化形成过程中，群众占据着主体地位。近代上海的大众文化，其本质就是市民文化。上海人口数量大，社会文化具有明显的异质性特征，人口的大量流动，以及西方文化的输入，对这座城市的消费产生了刺激作用，同时，还拉近了人们之间的距离。在这种现代化城市中，传统的家族血缘亲情被淡化，取而代之的是"钱本位"观念，人们在追求利益的过程中，打破了以往族群

---

① [德]哈贝马斯：《公共领域的结构转型》，曹卫东、王晓钰等译，上海：学林出版社，1999 年，第 189 页。

生活的社会模式，人们的社会角色发生很大变化。城市中人口流动性加强，从而导致人与人之间的心理距离被拉大，邻里之间不再无话不谈，甚至在一层楼里住了多年，连对方的姓名、工作都不了解。在这种情况下，人们渴望得到他人的理解，想要与他人沟通，在辛苦工作一天之后，希望在精神上能找到慰藉，从而放松自己的情绪，随着这种社会需求的不断增加，"由精英文化转为大众文化，由大雅变为大俗"[①]。大众文化是雅俗共赏的，这种良好的氛围让人们的日常生活变得丰富多彩，同时，还推动了电影、小说、戏剧等大众文化的繁荣。

在市民意识和力量不断崛起的过程中，城市发展越来越繁荣。从文化生活方面来看，传统高尚的文人情趣逐渐向着民间、乡野文化转型，其中最明显的表现就是上海发达的娱乐产业。最开始的时候，上海娱乐产业的发展仍然没有摆脱传统文化的束缚，之后随着新的娱乐文化、社会风尚的发展，上海民众的文化生活逐渐向着现代化方向发展，跑马厅、商场、舞厅、马戏团、电影院等现代化娱乐场所越来越多。比如1874年瓦纳带来的魔术表演，1882年车尼利马戏团带来的表演，以及后来各种新型娱乐场所的繁荣发展。不管是社会中哪个阶层的群众，都能找到自己喜欢的、适合自己的娱乐方式。

随着大众文化、市民阶层的发展，不同阶层的人群开始追求身份认同，从而在社会交往过程中，为相互身份的辨认提供便利。民国时期，人们的身份认同主要依赖于家庭背景、出身，之后在城市发展过程中，这种身份认同方式逐渐失去了作用，而新的认同方式还没有出现。广告用特殊的语言方式，将身份变成一种商品，然后引导消费者通过购买的方式，来获得自己的身份。广告让身份有了大量清单，其主要目的是将有身份与没有身份、有品位与没有品位、上等与下等区分开来。广告一般是利用话语的方式，吸引消费者产生购买的欲望。因此，广告的身份中包含了三种类型，也就是是否具有身份、品位、上等的特征。但是只有产生消费者，才能够构建各种类型的身

---

① 忻平：《从上海发现历史：现代化进程中的上海人及其社会生活（1927—1937）》（修订版），上海：上海大学出版社，2009年，第358页。

份。广告一般会按照品位进行商品的划分，以此满足各种等级身份消费者的需求。在同种类型的产品中，一般在品牌、形状等方面存在一定的差异。因此，设计广告的过程中，需要按照种类进行划分，以此确定宣传的品位。例如，民国时期，在报刊广告语中会按照品牌、厂家等差异，结合品位、身份的不同，进而设计相应的广告语，以此提升产品的品位。封建社会中的等级身份消失，但是又因为财富的差异形成新的身份等级，人们对上等身份的认同依旧趋之若鹜。广告的存在就是将商品和上等社会相结合，以此达到宣传效果。在上海的民国报刊之中，经常会出现"上等"词汇，而现代一般会使用奢侈、贵族等词汇，以此提升商品的身份特征。广告开始朝向消费符号的方向发展，并且符号具备一定的现实意义，也就是身份的一种。因此，对品位的追求，实际上也就是对上等身份的追求。或者通过广告，让大众认识到消费就是辨识身份的重要参考。

在近代，以上海为代表的大型城市消费文化中，报刊广告大大丰富了百姓的信息内容，以此刺激消费者可以不断消费，进而对消费者的购物理念、模式等方面产生影响。图像广告通过线条、物品描绘等方式，形成特殊的广告内容，并且形成近代化的消费模式。在宣传的过程中，图像广告使得符号消费、身体消费的消费模式开始形成，促进了消费主义的出现，这是对消费文化的异化，因此，给公众带来了一定的负面影响。

一、喜好温馨

酒类图像要受到群众欢迎，达到广告宣传的效果，满足消费者的好奇心，题材的创新十分重要。起初，一般是利用年画的方式，除了通过设计故事和时事等题材外，也常在相同题材中创造出新组合。不论古装或时装，人数多少亦无关紧要，重要的是画中人物所从事的活动正是普通民众所热衷的，这类题材才会受到民众的喜爱，这也反映了当时中国社会的众生相。1935 年，金梅生创作了《五福临门图》，利用速写的方式，将儿童的生活模式记录下来。《五福临门图》一经发行，在当时立即引起一股胖娃娃的流行风潮，其至于一些酒类图像的画作也将成人画成胖娃娃一般。由此可知，新鲜的题材常可吸引消费者的目光，这就达到了广告的初步效果。1933 年 12 月 10 日《大北新报》上的一则赤玉牌葡萄酒广告（图 7—1），以 1931 年到 1933 年间的红酒广告做了例子，反映出哈尔滨的都市化进程是加速变化的，人民的精神生活是丰富多彩的，思想也是开放的。这种设计让人们了解到产品的外观特征、饮用方式和所用的饮酒器。这种排版简洁明了，插图与文字从不同方面宣传酒。

图 7—1　赤玉牌葡萄酒广告（2）[①]

[①] 《赤玉牌葡萄酒广告》，《大北新报》，1933 年 12 月 10 日，第 7 版。

时髦女性与胖娃娃的题材两者合而为一，就形成了一个家庭式的美人儿和孩子。例如20世纪30年代末期，稚英画室为一家红酒公司所画的酒类广告，图中女性穿着泳衣，开心地端着红酒，看着周围的人群。姑且不论这些广告是否达到了广告目的，但这些酒业公司刻意塑造这类家庭成员齐聚、父母子女共处的形象，企图宣告其产品的不可欠缺性。新颖的形象成为酒类图像画家所热衷描绘的对象，有些作品甚至没有所谓的商品广告或边框，只是单纯的人物画，不变的是同样有巧笑倩兮的美女形象。

金肇芳所绘的《四季运动图》采用四条屏形式的月份牌广告，虽题为四季，其实从人物的衣着上无法清楚辨识出季节的不同。这组图都以母亲带着孩子运动为题材，有的打高尔夫球，有的骑脚踏车，有的则是打网球和溜冰，再配上新潮的主题，确实能够迅速获得消费者的青睐。除了母亲与子女共同从事某些活动外，还有一些则是类似母与子的照片，他们站在那里，看着观众，就像是在照相馆里拍照一样。例如谢之光、金肇芳等画家为一些烟酒公司绘制的酒类图像，往往以"慈母育婴""模范家庭""儿童乐园""天伦之乐"等名字来表达家庭的观念和意义。20世纪30年代中期后，母亲形象的女子受到推崇，酒类图像中也大量出现这类题材。稚英画室绘制的《模范家庭图》，以母亲与稚龄子女相偎看画册构成一幅天伦之乐的图像，吊诡的是：酒类主要是售卖给男性，但这些号称模范家庭类酒图像中为何只有母亲，而没有父亲？画中孩童有男有女，但成年男性几乎没有出现在此类酒图像中，这是酒类图像中家庭式题材的奇特之处。这是一个耐人寻味的问题，但是由于资料不足，在此仅先存疑。

二、视觉崇洋

服饰在中国历来具有政治和阶级的社会含义，随着西方文化的兴起，这种含义已经被消费能力和审美标准所代替。表现在民国初期酒类图像中妇女身上的变化，正足以说明这个过程。当时并不是所有妇女都会接触到洋服，而广告中千变万化的服装，是她们看到西方服装的最佳途径。清代中上家庭的妇女多半是长衣大袖，而且不以裤装示人。民国初期许多闺秀开始选择裤装，以上衣搭配裙子或裤子。当时流行以马甲配衬衣，裙长及裤长皆超过膝盖，有时也会露出脚踝。领口有高有低，一般来说是渐渐朝低领演变。袖口则有松有紧，并露出手腕。从周慕桥于1914年替协和贸易公司所绘的酒类图像中，我们便可看见高领、窄袖、短上衣及长裙的女性服饰。画中人物身穿改良过的中式服装，脚踩西式高跟鞋，典型的中西混合装扮。1920年，丁云先为上海康成造酒厂所绘的酒类图像广告（图7—2），女子身着短马甲，露出手腕和脚踝，袖口稍宽，裙长过膝，穿着高跟鞋。1927年，谢之光所绘的酒类图像里，女子的袖口已经较之前变宽，上身的短马甲则变得比较贴身，裙长则至脚踝处。

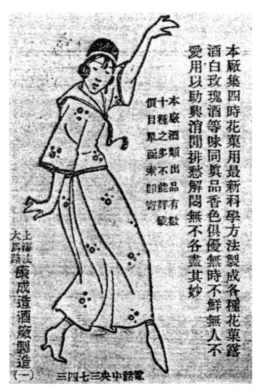

图7—2　上海康成造酒厂"花果露酒"广告①

---

① 《"花果露酒"广告》，《申报》，1920年3月2日，第6版。

1930 年，周柏生为广生行绘制的一张酒类图像中，也可看见现代旗袍及洋装的混合体。画中人物的服装虽是旗袍样式，但在装饰上大量引用西方手法，例如亮片、羽毛扇、装饰花等。1931 年，关蕙农为广生行绘制的酒类图像中，我们也可以看见中西结合的要素，共同呈现在同一件服装上。画面中的两位女子，身着类似长马甲的外衣，虽然也超过膝盖，但是长度明显变短，袖口宽度未变，但长度已略为减短。

之后，女性的袖子和上衣连接在一起，形成了一种现代式旗袍，长裙有长有短，袖口也有一定的紧身性。以 1938 年倪耕野为启东酒业公司所绘制的酒类图像来看，画中的女人，五官端庄，身段婀娜，配上一件无袖旗袍，富有时尚气息。至于稚英画室所绘的一组四幅时装美女酒类图像，则展现了当时流行的西洋礼服样式。这些衣着时尚华丽的女性形象，是 20 世纪上半叶中国社会的一个缩影。我们从中既能看到那个时代的流行趋势，又能感受到当时国人对西方文化的追求。

三、爱国之心

近代中国民族企业兴起后，常以爱国心为诉求，企图争取已被外商垄断的市场。在酒类图像中，亦可看到这种爱国的展现。

1932 年，谢之光画了一幅《一当十》，歌颂十九路军在上海商务印书馆附近的英勇战斗，大大鼓舞了上海市民。还有一张中国烟酒公司的《木兰荣归图》，描绘木兰代父从军凯旋的故事，这幅作品隐含了中国军民期待胜利的到来，别具意义。不同于一般古装故事情节的月份牌，这类鼓舞人心的酒类图像，在 20 世纪 30 年代相当多，其中最难得的是多位画家联合创作的抗日题材酒类图像。这是由著名画家郑梅清发起，邀请 10 位月份牌画家，共同创作的一幅《木兰还乡图》。郑梅清设计出了整张图，周柏生出了草稿，杭稚英设计出了花木兰，吴志厂画了木兰的父母，谢之光画了木兰的妹妹，金肇芳画了木兰的哥哥，金梅生画了孩子，李慕白画了将军，戈湘岚画了马，田清泉画了一个护卫，杨俊生绘制了背景。画中还有 11 人的联合署名，郑午昌题跋："此画系海上十大艺人精心妙手所合绘，制作精美，用意深长，洵为当代美术画片之杰构，乐为之题。"这张集合 11 人制作的酒类图像，实为酒类图像画家的集体宣言。

此外，还有一种题材被用来宣扬爱国思想，那就是宋代的民族英雄岳飞。奉天太阳烟酒公司聘请周柏生绘制的《精忠报国图》，以岳飞母亲教子精忠报国的历史故事，勉励中国军民。这些具有鼓舞作用的历史事件或传说以酒类图像形式相继出现，除了呼应时势，争取大众对商品或企业的支持外，对爱国心的唤起也有其实质意义。

另外，在产品名称及广告文案中，也透露出民众的爱国心。例如中国南洋兄弟烟酒股份有限公司推出的"爱国牌""长城牌""大中华"烟酒，就是企图以国家、历史文物的理念，呼吁大众爱国并使用国货。徐咏青 1924 年所绘的《虎丘》，就在画幅上方产品图案上写明：请用国货酒品，"爱国牌""长城牌"白酒正在其中。另一家同业公司大中华橡胶厂，于 20 世纪 30 年代中期请胡维敏绘制的酒类图像中，更在画幅两侧的上方强调"完全国货"。广生行聘请关蕙农于 1931 年绘制的酒类图像中，亦在右上方书写"热心爱国诸君子，有意振兴国货者，请到面商或惠函赐教"等字样。虽然这些都是民族企业的行销手段之一，但确实对当时的爱国者，或自认为是爱国的人有牵引作用，以至于使得长年称霸中国市场的外商势力，出现利益重新分配的局面[①]。社会舆论的力量，确实能够左右消费市场，当爱国心不断被强调时，形成一种时代趋势，商人可以以之为号召而招徕顾客。

第二节　近代酒类图像与西方文化的移入

上海是中国的对外门户，是信息发达的城市，无论大事小事，各国的新发明、新商品，不用过多久便会出现在上海。上海的一切，无论是食衣住行

---

① 赵琛：《中国近代广告文化》，长春：吉林科学技术出版社，2001 年，第 44 页。

等各方面，甚至思维逻辑、行为模式，在全中国来说，皆具有指标作用。而酒类图像发轫于上海，行销至各地，正是其他地方一窥上海样貌的最佳媒介，并经由上海了解世界其他国家。新奇的外来事物能带来新鲜的感受，因此市民愿意尝试，久而久之也就深入到生活中了。

一、洋化生活

对于西洋引入的生活用具、社交礼仪等，国人最初是惊慌错乱的，甚至不敢接受，这种接受的过程得耗去相当的岁月。但是当上海人乐于接受与尝试新事物后，西方的物品便充斥在上海人的生活中，或说想象中的生活里，针对此点，酒类图像可以说是充分发挥了其展现新事物的能力。

电灯、风扇、熨斗、收音机、留声机、手电筒、电话、火柴、肥皂、橡胶这些典型的日常生活用具，当时的上海市民很快就接受了，甚至发展成广泛的娱乐形式。与酒的符号相契合的西洋舶来品只是众多事物中的一部分，大部分都在上海体现，画家在构思酒的符号时，往往先从上海取材。例如电灯是 1878 年首次出现在中国的，1920 年后，有关酒的符号中才普遍出现电灯，原因在于电灯的普及速度慢。有一张谢之光为孔明电器行绘制的广告，约在 20 世纪 30 年代中期，从其上所宣传的产品，我们略可推知当时所流行的电器用品。首先是画面中的电灯、留声机、电暖炉；其次是画幅下方的产品图示，由右至左分别是：唱机及唱片柜、手电筒、电池、热水瓶、唱片等；在画面两侧的介绍文字里，除了上述产品，还有包括各项附属机件。从此处我们也可以观察到，这些电器用品对于消费者来说必定不会太陌生，因为画面中并没特别标明各项产品的名称，而是以图来展示，足见人们对其的熟知度。在中国，电话是在 1881 年开始在公共租界使用的，到 20 世纪 20 年代还是手摇式的，直到 20 世纪 30 年代，才以拨号的自动电话取代人工接线电话。上海一酒业公司在 20 世纪 30 年代所发行的月份牌中，电话便成为画中的元素之一。

在居家布置方面，酒类符号涉及的西式建筑，无论是室内装潢还是外部构造，可以说与中式建筑有天壤之别。1931 年，谷回春堂邀请谢之光创作的药酒图像，可以看到壁炉及艺术感极强的西式吊灯，这让人们不仅有视觉享受，还能感受到这些物件背后高昂的价格。至于户外环境的设计，也出现全然洋化的形式。例如金梅生于 20 世纪 30 年代为张裕葡萄酿酒公司绘制的酒类图像中，就是一家人在西式庭院休憩的景象：身着旗袍的母亲坐在藤椅上，手持书本对着儿子说话；一旁的茶几上放着水果、红酒及其他书籍；男主人及小女儿则立于女主人的左侧。整体来看，他们是在花园中的亭子里活动，背景则是洋房和花圃。有些设计则是折中中西风格，例如谢之光于 20 世纪 30 年代为英商绵华线辘总公司所绘制的酒类图像，画面中有两位女性，一位坐在藤椅上，另一位轻靠在椅臂上，她们背后是一栋中式建筑，有传统的窗棂和屋檐，但是画面右侧的庭院却是西式草坪和围墙，这是中西合璧的良好范例。

至于休闲娱乐，公园散步、参加舞会、演奏乐器、吃下午茶等新式社交活动开始大规模在上海出现。有关酒的符号中，常常看到以自然风景为衬托的人物形象，这种背景可以是建筑，也可以是其他的人或物。例如演奏乐器的人、正在读书的人、在公园散步的人，以上符号直接反映出某些事物及娱乐形式的普及。至于公园，当时的上海市官方做过调查，1928 年 6 月至8 月，这段时间内就有 162 万多人去过公园。户外的各类活动也逐渐在上海普及，户外的自然景观成为酒类符号的一部分也就不难理解。稚英画室受大东烟酒公司邀请创作酒类符号，其内容为：一位撑传统纸伞的女性，一位拿着手包的女性，二人站在湖畔，中国的传统建筑作为远景衬托，看上去是二人结伴外出的情景。画室的另一作品中同样有女子撑伞，这是为上海啤酒公司绘制的，画中人物也是盛装打扮，只是背景为西式花园，手中的伞也是西式的。

在医疗用药方面，传统中医所用药方来自自然界，药帖需用煎煮，为了制作一剂疗药，在时间及人力上颇费功夫，西医的诊疗方式及药品服用方式则大异于中医。上海西式医院的建立，不仅为附近的国人提供了先进的医疗器具，还带来了西医知识，使国人渐渐信任西医、使用西药。由于外商经营的西药商店生意兴隆，获利多，引起中国商人的兴趣。1888 年，国人经营的第一家西药商店中西药房在上海开业，明星花露水是其主打产品。1890年，黄楚九经营的中法大药房开业，艾罗补脑汁、赐尔福多、孩儿面是其招牌产品。至于宏兴药房的鹧鸪菜，则是专攻儿童疾病，号称能治小孩百病。而 1907 年由夏粹芳、黄楚九和药剂师谢瑞卿等人创办的五洲大药房，推出人造自来血、良丹、女界宝等能够强筋健力、滋阴补血的药品，这些药品的共同特点是服用方便，通常做成锭状、片状或液体，以盒装或瓶装方式出售，轻便省事。这类药品广告中常用的词语便是专治百病、补血生精、健脑固精、避疫防病等。很显然，就算没有真正的医疗效果，当时的民众还是愿意相信它们的功用，否则五洲大药房的虎骨药酒、中法大药房的艾罗补脑汁等，也不会成为各企业的招牌商品。

二、女性走入社会

最早针对女性的学校是由教会创办的，学校课程丰富，传统层面的有四书、孝经、女红；西学层面的有外语、宗教知识；此外，还有专门针对女子的体操运动。课程涉猎范围广，为后期的女子学校奠定了基础。光绪二十四年（1898），经正女学由经元善主导创办。1907 年，秋瑾在上海开办《中国女报》《女子世界》，提倡女子参与社会活动。

教育能够使人脱胎换骨，工商业的发展同样会影响家庭体制，我国传统家庭体制在多重要素的叠加作用下而发生改变。伴随古老的家庭体制的瓦解，从前将家庭作为单元的大团体也慢慢失去了各种社会作用。原来由家庭承担的启蒙教育、德育、专职教育，就被转移到了学校身上；新型公司和新行业随之产生，在社会中任职的群体也不仅只有男性，出现了更多的女性；原有家庭内会照顾子孙型的养老生活，也开始被多元化的信息媒介、出版物、休闲场所或是社交途径所替代。女性从家庭中解放出来走向社会，我们能够基于教育、工作、休闲娱乐等多个领域来展开讨论。

因为受到的教育和以前不一样，女性权利意识慢慢觉醒，要求和男性享受一样的公民权。以前的妇女主要任务就是相夫教子，践行妇言、妇工、妇德、妇容，而酒类绘图中所展现的民国初期的女子，学习的内容早已发生转变。虽然古文依旧属于女性学习的内容之一，对唐诗的赏鉴依然非常重要，但浏览各国的书籍早已变成了当时女性的新潮流，这在金梅生于20世纪30年代中期所描绘的酒类图像《学女欧装图》中就能够看出，哪怕是普通人都无须知晓的航空术等冷门书籍，也属于求知欲旺盛的新女性所阅读的书籍名目。事实上，在酒类图像中的人物常呈现出阅读的姿态，像《学女欧装图》中有女学生随身携带外文精装书，有的则是手持一本线装书或是一札书，甚至只是展读一封信、一份说明书或章程之类的文件，这都深刻展现出当时的女性敢于求学、善于接纳新事物，她们的生活范围早已不再是原来的一隅之地，而是与时代的脉搏紧紧相连。

在职业领域，女性员工一开始只能从事帮佣、裁缝、医务、做工、小贩等工作，经过教育水平的提升，一大批女性开始进入教育、经济、政治、新闻或律师等领域工作。但不代表所有职业的女性都适合画像，对画题的选定，画家首先要考虑消费需要或其公众影响力，因为酒类图像作为一种推广宣传广告，被民众所接纳才是最主要的。因此，影视明星成为适合的画像主题，酒类图像中很多人物都是按照影视明星的照片来描绘的（图7—3）。例如1930年，胡伯翔就曾依照阮玲玉的照片，绘制了一张题为《秋水伊人》的酒类图像。石青也于1933年将被评为"电影皇后"的胡蝶，选作酒类绘图的模特儿，给天聚福烟公司绘制了一幅《电影皇后》。除了影视明星之外，还有一种职业也备受人们瞩目，那就是女歌者，当时有些明星是影歌双栖的，例如黎明晖等人。20世纪30年代，广播也是有效的商品宣传方式之一，电台为了吸引听众，常会邀请女歌者演唱，像周璇就是在电台试唱而一曲成名的。20世纪30年代末期，奉天太阳烟酒公司的一幅酒类图像，再现了女歌者演唱的情形，右侧站在麦克风前的女性正在投入地歌唱，而左侧坐在钢琴前的女子，在弹奏的时候深情回首，或许是专门的伴奏人员。

图 7—3 《礼拜六》上的葡萄酒广告①

　　而能展现出女性冲破传统、走向社会的还有从事多元化的体育运动之女性。众多新兴的运动从国外被引进国内，一般都会先在上海掀起潮流，比如网球、射箭、高尔夫球、马术、游泳、骑脚踏车等等，由于它们有新颖时尚

---

① 《礼拜六》期刊，1936 年 3 号，上海图书馆藏。

的特点，符合民众的需求，也经常被酒类图像选作主题。譬如，20 世纪 30 年代以前，将游泳作为主题的酒类图像很少能够见到，但从 20 世纪 30 年代晚期以后，泳装女性酒类图像逐渐增多，稚英画室、谢之光均于 20 世纪 30 年代晚期描绘了泳装女性的酒类图像。

三、多样化的行销手法

对于我国民族企业所推出的"爱国牌"消费心理，外商不会直接对抗，而是淡化自身外来者的地位，试图打造出"本土化"的形象。例如贩售花露香水、花露香粉的林文烟公司，中国味十足的公司名称，让人乍听之下以为是中国企业，其实来自美国纽约，其商品早在 1870 年就由晋隆洋行代理销售。另外一家历史悠久的公司是棕榄香皂公司，该公司成立于美国，产品除香皂外，还有妇女使用的香粉、花露水、爽身粉、洗发水等，在中国的公司名称为上海棕榄公司，在原来的名称之外加上中国地名，这是消除中国消费者对外来企业抗拒的手段之一。

除了取名中国化外，洋商另一种营造"本土化"形象的手法，就是以中国人熟悉的事物名称来吸引消费者。就拿英美烟公司的哈德门香烟来说，实际上就相当于北京城南面的崇文门，崇文门也可被叫作哈德门，商品名是国人都熟知的建筑物名，所以哈德门香烟迅速变成了人人皆知的商品，尤其是低收入劳动者们最喜欢的香烟之一。丁云先在 1921 年给英美烟公司描绘的一幅月份牌中，图中上端展现的商品，属于英美烟公司另一款价位较高的前门牌香烟，外包装上的门楼描绘的就是北京崇文门周围的前门。前门大街也是北京店铺集中、交易频繁的地方，此款香烟一上市，迅速就变成国内香烟市场的抢手货。南洋兄弟烟草公司则设计出一款长城牌香烟，将长城当作商品的主样式。不仅香烟如此，白酒厂商的竞争也不遑多让。

香港华人冯福眼见洋商推销西洋日用品及化妆品，如香皂、牙膏、爽身粉、雪花膏等男女皆需使用且消费量大的商品，获利甚多。因此他于 1905 年集资成立广生行，以两位手钩着手、身着长袖及膝外袍与长裤的女性为商标，推出约 30 多种日用商品，除了香皂、面霜、香水等女性用品外，鞋油、酱油、白酒等也是其经营项目。为了广招客户，除了以"中国人应用国货"为号召外，他还于 1920 年创办《广益杂志》旬刊来推销、宣传广生行的商品。长期下来，广生行的业绩蒸蒸日上，分行遍及江苏、河北、河南、山东、湖北、湖南、福建、广东、广西等地，这种增加商号及产品曝光率的营销手法，使广生行的名号深植于消费者脑海中。另外，广生行的酒类图像也有一个特别的设计，除了商标是两位女子的形象外，画面中的主题人物也往往是两位，或坐或站，如此统一的设计，无非是要强化广生行双姝形象在消费者心中的印象，从而达到宣传目的。

然而，大多数酒类图像中的人物与商品的关联性不够紧凑，多为把商品放置到图像上下端、左右两侧或图像中的一个角落。如 1911 年到 1912 年间，周慕桥制作的酒类图像，只有图像下端有商品，主要画幅的三个角落虽然包含了一些商品，但都和图像内容没有关联。有时甚至不出现商品图样，而只有一排商品名称或商号等文字。如 1924 年郑曼陀为上海太和大药房绘制的酒类图像，画幅上方为商号名称，下方则为产品说明，两侧为年历，主画面为一持扇女子，画面中全然不见商品图样。但也有绘图者将人物和商品直接关联到一起，目的是促使消费者在观看图中人物时，能一同浏览商品。1918年，鲁卜良药酒公司发行的酒类图像广告，画面中央是一位身着短上衣与裤装的时髦女性，坐在西式起居室的一角，桌上放着喝下午茶的茶具，结果下午茶变成鲁卜良药酒公司出品的妇女饮品，其置于桌上的饮品包装盒，悉如画幅左侧商品图解的图示，让人一目了然。而在前文所提及的 1931 年谢之光给谷回春堂制作的健胃固肠药酒图像，同样是使用此类手段，不仅使商品形象放置于图像的左下方，图像中心的桌面上也放置了相似商品的不同外包装，并在商品旁添加了一本带有商品名字的文本材料，最关键的是图像人物的手上也拿着一盒健胃固肠酒，不管大众视线瞄向画面中的哪一个角落，总是能看见该商品，整个图像仿佛在暗示该企业的商品无处不在。据此，能看出这种酒类图像设计者巧妙的思维，这也是一种创新的营销方式。

酒类图像之所以引人入胜，最关键的一点是画题可以扣人心弦，利用移情的作用，常常可以使人产生神往的内心体验，继而引发共鸣，如此就能吸引民众注意力。部分葡萄酒厂商很擅长这一手段，比方说张裕葡萄酿酒公司就把自家的商品塑造为典雅又大气的女性所首选的商品，定位到特定的消费群体身上，使人每当看到这一类型的女性时就会想到张裕葡萄酒。随后为扩展受众群体，该公司把愉悦的女性归进消费范畴，因为所有人都会追寻快乐，将追寻快乐的需求诉诸张裕葡萄酒，因而有了类似于《快乐小姐》等葡萄酒广告。设计者明显把重点集中到了"快乐"二字上，画中气质高贵的女性面带愉悦的笑容，人们若是想要快乐，只需同她一样购买张裕葡萄酒。若和商品有关系的是社会影响力较大的人物，对民众的影响就会更加明显。譬如部分酒类企业邀请影视明星给自家的商品代言，并在商品上添加其亲笔签名，用来提高可信度。陈云裳及李丽华就曾给葡萄酒商品做过商业模特儿，并在酒类图像上提供其亲笔签名和推荐语。品行优秀的公众人物亲自推荐，会使消费者认为该企业的商品一定非常可靠。此种聘请知名人士来做推广的形式，屡试不爽，直到今天，依旧是全球各地商家最常选取的一种推销途径。

还有酒类企业选用年轻时尚的女性当作酒类图像主题，同是出于相似的缘由。以稚英画室所绘的酒类图像来看，画幅上方写着，"我最爱喝上海啤酒"，画面中的女性独立于树石之前，正在大口畅饮，她坚定自信的目光和嘴角绽放的笑容，似乎正告诉观者：喝上海啤酒的女性就会像她一样充满自信。

在酒类图像中，常描绘各式各样新兴行为，在真实还原时代变迁所引发的潮流之外，此类主题作品的频繁出现，也折射出大众对其的喜爱程度之深。不管是风景秀美的庭院苑囿，还是衣香鬓影随处可见的社交场所，无论是进行激烈的体育锻炼，还是隐秘于花园角落读书，新时期的女性都可随意来去，悠然自得。在新时期女性形象和自家商品中寻求一个衔接点，这是当时酒类企业大力推广的理念，而这一衔接点正是大众内心的渴求。只有这样，移情作用才能发挥效果。

结语：近代酒类图像与社会思潮的转变

　　图像作为一种能够给人以直观感受的视觉语言，对于那些目不识丁的民众来说，图像不仅是直观性的叙事，更是他们了解当下各类事物的绝佳窗口；而对于知识分子或革命者而言，有效的图像表达更是弥合群众、整饬民心的另一有效途径，图像在此时被纳入历史的范畴，并逐渐被视为一种反映历史实况、传达时代精神的媒介。1913 年，鲁迅曾在《拟播布美术意见书》中指出："凡有美术，皆足以征表一时及一族之思维，故亦即国魂之现象；若精神递变，美术辄从之以转移。此诸品物，长留人世，故虽武功文教，与时间同其灰灭，而赖有美术为之保存，俾在方来，有所考见。"[①] 基于上述时代背景下，有关"救亡"与"启蒙"的视觉图像首先成为画家笔下着墨颇多的创作题材，之后无论是女性解放、科学新知等题材，均是围绕着这样一个中心题材向外扩散的涟漪，在寻求中国向何处去的核心问题下，"救亡"与"启蒙"无外乎是最为直接的途径。与此同时，为了迎合时代发展，对传统思想文化的否定与批判也体现在艺术形式上，文人画中的高古士气、飘然自得之意境在漫画的诙谐搞怪、贴近生活的语境下显现得更为冷峻，那种拒人于千里之外的绘画风格显然已不适用于当时的时代背景。中国传统思想对文人雅士的影响虽遍及陶冶性情的丹青之上，但随着社会思潮的不断演进与西风东渐的影响，新型的绘画艺术正逐渐走向历史舞台的中央。早期上层知识分子或官僚分子不屑与下层群众为伍，下层群众对于上层社会也多有种望而却步的距离感。中国近代以来，以新型知识分子为主的中间势力与新兴媒介的兴

---

① 鲁迅：《拟播布美术意见书》，《鲁迅全集：集外集拾遗补编》，北京：人民文学出版社，2005 年，第 52 页。

起，开始试探性地打破以往互不相干的局面，接触、发展、连接这二者之间的关系，使其从若即若离逐步合为一体。这一变化，不仅是中国美术史上的革新，更是意识形态与物质文明不断演进之后的结果。从绘画的角度来看，图像成为一把可以开启历史记忆的钥匙，其最为主要的不仅在于对画面表象的理解，探究画面背后所蕴含的时代精神才是追忆往昔、面对历史的最好办法。这一点与欧文·潘诺夫斯基所提出的图像分析三层次法则不谋而合，按此方法来审视中国近代酒类图像的创作内容及表现形式，不难发现，这些画作无不与当时中国国情有着密不可分的联系。无论是抵御外侮，抑或是反对内战、倡导构建独立自主的民族国家，漫画都被赋予了某种政治属性，其不仅是针砭时弊、批判时局的讽刺艺术，同时，也成为各阶层之间钩心斗角、各有所图之意的传感器。正是基于这个层面，酒类图像也不再只有艺术的、商业的价值，同时，还兼备了政治、历史、文化等领域追溯过往的意义，给后人推演社会文明的历程和大众文化心理的演变等方面也提供了至关重要的参考。正如英国著名学者彼得·伯克所言："大多数图像的制作，像文本的制作一样，并不是为了以后被历史学家当作证据来使用。犹如展现在我们眼前的，大部分图像的绘制均为激发他们所含有的多种功效，包含宗教、审美、政治或是其余领域的不同功效。"[1]

图像所能带来的不仅是视觉体验，更是对过去客观存在事实和意识形态的转化。而对于酒类图像来说，高度的复制生产不仅是市场营销的方式，更从侧面折射出符合大众需求的文化心理与思维模式。瓦尔特·本雅明曾言："艺术作品在机械复制过程中意义的衰减，反映了大众运动兴起过程中人们要使物更易'接近'的愿望。"[2]这就解释了为何漫画在揭露现实社会的黑暗冷漠的同时，也会存在许多看似不着边界的想象图景，因为市场化的需要以及社会思潮赋予酒类图像的功能属性，都使其所要传递表达的内涵更加贴合

---

① [英]彼得·伯克：《图像证史》（第二版），杨豫译，北京：北京大学出版社，2019年，第266页。

② [德]瓦尔特·本雅明：《机械复制时代的艺术作品》，王才勇译，北京：中国城市出版社，2002年，第13页。

民众、易于被常人接受与理解。格罗塞也曾指出："无论哪一时期，不管哪一个民族，艺术均是社会的一种展现，假设人们单纯地将它看作个体的展现，就无法掌握它原本的面貌与本质。"① 近代以来，酒类图像的受众群体更多的是面向普罗大众，他们中目不识丁的不在少数，对于历史大事的参与度也并不是很高，但鉴于很多事件对其日常生活产生了翻天覆地的变化，群众难免会受其影响，他们是否渴望参与到历史进程的构建中，并在其中发挥作用，这一问题还有待研究分析。但至少从酒类图像受众题材的角度来看，还是可以寻觅到些许民众对待历史事件与社会新思潮等方面的态度。当然，这只是从群众，或者说是从消费者的眼光去审视酒类图像为其带来的观感，他们更多的是为了获取一些感官上的愉悦与快感，图像也会成为他们获取新闻资讯的另一媒介窗口，但显然他们更多的是被酒类图像所刻意营造的氛围而吸引。当那些想象景观与罔顾事实真相的描绘被移置于二维空间中，人们似乎都默契地忽视那部分不真实感。换句话说，这些图像在有意地传达某些思想，或是叙述某些历史事件时，夸张怪异的表现形式反而更易让民众提取到其中的要义与真谛，正因图像这种贴近生活并具有时效性与新闻性的属性，在中国现代这样一个思想激荡的时代，成为表现社会思潮发展、凝聚国民记忆的媒介载体。

随着思想的解放与市民文化的兴起，图像作者在创作过程中的各类苦心经营，不外乎是对群众消费心理的迎合，这或许是出于某种政治目的，抑或是市场收益所趋，此时的酒类图像时常被赋予超越其本身价值属性的思想内涵。绘画艺术长久以来的居庙堂之高，逐渐被这种聚焦于民众政治生活的艺术形式所打破，高屋建瓴的宏大叙事模式开始向群众生活靠拢。战时民众的苦难生活、国共两党对图像政治宣传功能的重视、女性解放思潮下的视觉宣传等题材作品，不仅自上而下地传播了思想新知，更是唤醒了群众的民族意识，促进了彼此之间的沟通。而图像绘制者通过视觉符号对某一事件、群体的精准把握，选取细节与局部交相呼应的表现手法，以看似具体又细致入微

---

① [德]格罗塞：《艺术的起源》，蔡慕晖译，北京：商务印书馆，1984 年，第 39 页。

的图像向观者传递着合乎时代温度的思想观念，在思潮奔涌跌宕的中国近代，酒类图像以其独有的方式成为时代思潮演变进程中的传感器与测量表。时代造就了图像艺术的形成与发展，同理，酒类图像也蕴含了时代的精神与社会思潮，在看似波澜不惊的图像之下，隐藏着令人寻味并值得探究的历史大势，而这其中的思想世界更是丰富多彩。

综上所述，近代酒类图像作为一种新型传播媒介，其不仅是时代发展进程中的产物，同时，它也从一定程度上反映了带有历史温度的精神世界与思想文化。诚然，图像绘制者或许并未意识到这些图像将成为后世回溯历史、追寻记忆的历史文本，他们所关注的仅是当时热议的社会问题与国情需要，但正是这样一种置身于现世的视觉景观，方才为本书研究当时社会思潮演变的历史过程提供了特定时空的独家记忆。而以酒类图像为切入点来观看历史的演变，可以让我们对许多已经发生的历史事件与真相找到一个不同的观看视角。那些看似俗套却深入人心的图像作品，恰好反映了最为广泛的群体意识，与此同时，这样的观察角度在对过往社会思潮有更为全面的认识之外，也可以让我们对许多过去容易被忽视的历史有一份新的体悟和警觉，警醒到其间可能存在的连续性发展。当艺术图像以各种姿态进入历史的范畴，如何正确解读图像，令其成为一种有据可循的史料文本是值得被发掘与重视的。而酒类图像作为一种新型的视觉媒介，其独特的艺术语言与表现形式，不仅为搭建中国近代社会思潮的演进过程提供了独特的研究空间，更是在超越自身艺术价值的同时被赋予了可供解读的文化背景与时代精神，同时，也为艺术史、商业史、思想史与社会史的对话沟通提供了契机与可能。

参考文献

档案类

[1] 江苏省政府秘书处档案，江苏省档案馆藏，全宗号 1001。

[2] 江苏省民政厅档案，江苏省档案馆藏，全宗号 1002。

[3] 江苏省财政厅档案，江苏省档案馆藏，全宗号 1003。

[4] 江苏省建设厅档案，江苏省档案馆藏，全宗号 1004。

[5] 江苏省农业改进所档案，江苏省档案馆藏，全宗号 1004–7。

[6] 江苏省教育厅档案，江苏省档案馆藏，全宗号 1006。

[7] 江苏省社会处档案，江苏省档案馆藏，全宗号 1009。

[8] 江苏省卫生处档案，江苏省档案馆藏，全宗号 1010。

[9] 江苏省会计处档案，江苏省档案馆藏，全宗号 1012。

[10] 江苏省统计处档案，江苏省档案馆藏，全宗号 1014。

[11] 江苏省地震局档案，江苏省档案馆藏，全宗号 1015。

[12] 国民党江苏省党部档案，江苏省档案馆藏，全宗号 1043。

[13] 江苏高等法院档案，江苏省档案馆藏，全宗号 1047。

[14] 江苏省人事处档案，江苏省档案馆藏，全宗号 1048。

[15] 江苏省保安司令部档案，江苏省档案馆藏，全宗号 1050。

[16] 苏浙皖敌产清理处档案，安徽省档案馆藏，全宗号 L044。

[17] 安庆蚌埠海关税务局档案，安徽省档案馆藏，全宗号 L045。

[18] 明清档案汇集档案，安徽省档案馆藏，全宗号 L046。

[19] 省政府公报档案，安徽省档案馆藏，全宗号 L047。

[20] 安徽大学档案，安徽省档案馆藏，全宗号 L048。

[21] 省邮电局档案，安徽省档案馆藏，全宗号 L049。

[22] 华中矿务江南邮电局档案，安徽省档案馆藏，全宗号 L050。

[23] 省党部档案，安徽省档案馆藏，全宗号 L051。

报刊资料汇编

《申报》《大公报》《时代漫画》《时事新报》《南京晚报》《铁报》《新申报》《良友画报》《北洋画报》

外文数据库

Belgian World Commercial Advertising Database 数据库

专著类

[1] 罗德·菲利普斯. 酒：一部文化史 [M]. 马百亮译. 上海：格致出版社，上海人民出版社，2019.

[2] 翟学伟. 人情、面子和权力的再生产 [M]. 北京：北京大学出版社，2005.

[3] 费孝通. 乡土中国 [M]. 北京：北京大学出版社，1998.

[4] 戈公振. 中国报学史 [M]. 长沙：岳麓书社，2012.

[5] 黄光国. 人情与面子 [M]. 北京：中国人民大学出版社，2004.

[6] 李欧梵. 上海摩登 [M]. 毛尖译. 香港：牛津大学出版社，2000.

[7] 林家冶. 民国商业美术史 [M]. 上海：上海人民美术出版社，2008.

[8] 陆庆祥，章辉. 民国休闲实践文萃 [M]. 昆明：云南大学出版社，2018.

[9] 罗苏文. 女性与近代中国社会 [M]. 上海：上海人民出版社，1996.

[10] 秦永洲. 中国社会风俗史 [M]. 武汉：武汉大学出版社，2015.

[11] 向春阶，张耀南，陈金芳. 酒文化 [M]. 北京：中国经济出版社，
1995.

[12] 赵守珍. 商品知识 [M]. 北京：北京邮电大学出版社，2016.

[13] 周德明. 上海漫画丛书·商业广告 [M]. 上海：上海科学技术文献
出版社，2016.

[14] 周丽. 中国酒文化与酒文化产业 [M]. 昆明：云南大学出版社，2018.

[15] 朱耀龙，柳宏为. 苏皖边区政府档案史料选编 [M]. 北京：中央文
献出版社，2005.

[16] 卓南生. 中国近代报业发展史（1815—1874）（增订版）[M]. 北京：
中国社会科学出版社，2002.

[17] 希维尔布希. 味觉乐园：看香料、咖啡、烟草、酒如何创造人间的
私密天堂 [M]. 李公军，吴红光译. 天津：百花文艺出版社，2005.

[18] 桂祖发，桂国强. 西洋酒大观 [M]. 上海：上海文化出版社，1996.

[19] 何满子. 中国酒文化 [M]. 上海：上海古籍出版社，2001.

[20] 陶东风，金元浦，高丙中. 文化研究（第 5 辑）[M]. 桂林：广西师
范大学出版社，2005.

[21] 殷伟. 酒：中华千古文人的颓废与豪放 [M]. 北京：中国文史出版
社，2008.

[22] 张绪谔. 乱世风华：20 世纪 40 年代上海生活与娱乐的回忆 [M]. 上
海：上海人民出版社，2009.

[23] 薛化松，李玉. 中国近代酒文献选辑·《申报》卷（全三册）[M].
北京：社会科学文献出版社，2020.

[24] 曲彦斌. 中国招幌 [M]. 沈阳：辽宁古籍出版社，1994.

[25] 鹤路易. 中国招幌 [M]. 王仁芳译. 上海：上海科学技术文献出版
社，2009.

[26] 王守国. 酒文化中的中国人 [M]. 郑州：河南人民出版社，1990.

[27] 阿波利奈尔. 烧酒与爱情 [M]. 李玉民译. 合肥：安徽文艺出版社，
1992.

[28] 刘蔚起. 酒·包装·装潢 [M]. 长沙：湖南科学技术出版社，1983.

论文类

[1] 陈熠. 中国药酒的起源和发展 [J]. 江西中医药，1994（2）.

[2] 初庆东. 近代早期英国的啤酒馆管制与治安法官的地方实践 [J]. 世界历史，2020（3）.

[3] 范研琪. 汉代宴饮画像中酒文化空间初探 [J]. 美术大观，2021（1）.

[4] 高力克. 双面西方：文明与强权——中国近代知识精英的西方想象 [J]. 浙江社会科学，2016（8）.

[5] 韩雷，林海滨. 中西酒神比较研究 [J]. 宁夏社会科学，2010（3）.

[6] 侯深，王晨燕. 摩登饮品：啤酒、青岛与全球生态 [J]. 全球史评论，2018（1）.

[7] 姜云飞. 政治、消费、性别：时尚场域中的意识形态角力图谱——以 20 世纪 30 年代"摩登女郎"为例的考察 [J]. 求是学刊，2019（6）.

[8] 李静静. 传统节日场域中礼物馈赠现代转型的文化解读：以中秋节为例 [J]. 山西师大学报（社会科学版），2017（4）.

[9] 李鹏涛. 英属非洲殖民地的禁酒政策 [J]. 史学集刊，2019（4）.

[10] 刘群艺. 啤酒与麦酒：舶来品译名的东亚视角 [J]. 清华大学学报（哲学社会科学版），2021（6）.

[11] 马姝，夏建中. 西方生活方式研究理论综述 [J]. 江西社会科学，2004（1）.

[12] 僧海霞. 唐宋时期敦煌药酒文化透视：基于药用酒状况的敦煌文书考察 [J]. 甘肃社会科学，2009（4）.

[13] 王晨辉. 英国 1830 年《啤酒法》与酒类流通管理制度的变迁 [J]. 世界历史，2017（1）.

[14] 王启才.《吕氏春秋》中的酒文化与酒符号 [J]. 安徽师范大学学报（人文社会科学版），2021（3）.

[15] 王荣华. 米、酒、税的三重变奏：20 世纪 40 年代福建禁酿问题研究 [J]. 近代史研究，2021（2）.

[16] 王儒年. 国货广告与市民消费中的民族认同：《申报》广告解读 [J]. 江西师范大学学报，2003（4）.

[17] 王树良，张耀耀. 景观身体：20 世纪 30 年代烟草月份牌摩登女郎的形象呈现 [J]. 美术观察，2021（2）.

[18] 韦艺瑶. 郑曼陀女郎：月份牌中的视觉隐喻与现代性建构 [J]. 科技传播，2021（15）.

[19] 翁敏华. 昆曲与酒 [J]. 戏剧艺术，2005（1）.

[20] 向荣. 啤酒馆问题与近代早期英国文化和价值观念的冲突 [J]. 世界历史，2005（5）.

[21] 肖俊生. 民国时期四川酒业资本与经营管理 [J]. 四川师范大学学报（社会科学版），2008（3）.

[22] 肖俊生. 民国时期西康酒税征收情形 [J]. 西南民族大学学报（人文社科版），2008（6）.

[23] 赵晓华. 清代因灾禁酒制度的演变 [J]. 历史教学，2013（11）.

[24] 郑立君. 场景与图像：20 世纪二三十年代中国社会的“现代化”转型与“月份牌”[J]. 艺术百家，2005（4）.

[25] 钟柳茂，云虹. “酒”字网络的文化阐释 [J]. 四川理工学院学报（社会科学版），2017（1）.

[26] 黄亦锡等. 酒文化与药酒养生 [J]. 运动休闲餐饮研究，2008（9）.

学位论文

[1] 邱信杰. 酒的养生与论述 [D]. 硕士学位论文，台湾佛光大学，2009.

[2] 郭旭. 中国近代酒业发展与社会文化变迁研究 [D]. 博士学位论文，江南大学，2015.

[3] 马智慧. 张裕酿酒公司的创办及其早期发展研究（1892—1916）[D]. 硕士学位论文，东北师范大学，2007.

[4] 姜雯雯. 从非正式制度看张裕酿酒公司的兴衰（1892—1937）[D]. 硕士学位论文，浙江财经大学，2012.

[5] 黄萍. 贵州茅台酒业研究（1728—1956）[D]. 博士学位论文，四川大学，2010.

[6] 吕庆峰. 近现代中国葡萄酒产业发展研究 [D]. 博士学位论文，西北农林科技大学，2013.

后　记

　　人是历史的产物，历史是载以人的本体而产生，而人作为个体而言，与这个五光十色的世界一样，也有着丰富纷离的过往，在历史的漫漫长卷中，或为书卷。以文字文本方式所承载的人类文明，虽然一直是人类社会所认可的叙事系统，但文本只是多元记忆的一种，尤其是较之当今影像数据的开发和应用而言，文本的界限越来越模糊，这提示我们要重视历史上遗留下来的有关文化的记忆。因此，对图像的研究，不能仅局限于艺术层面，更应从人类文明史演进的角度来发掘其作用和意义。

　　当前，中国已然成为全球加工生产中心，跃升为商品的第一制造大国和消费大国。酒类产品作为现代意义上的消费品，随着近代中国的工业化开启，人口结构和经济结构的数次更迭，辅之数轮城市化的叠加，代表着舶来奢侈品的各类酒产品刺激着国人的感官，冲击着国人的消费，影响着国人的认知，中国社会逐渐进入到一个多元文化交汇碰撞和以视觉图像为中心的时代。"视觉性"考察正成为我们审视文化多维发展的一个重要手段。近代以来，以中国为代表的非西方国家往往会因为追求所谓现代性，主动接受西方。这里就包括了酒类产品的涌入，将初期单一贸易的商品转化为在中国制造的产品，这深刻影响了中国酒类行业和消费市场。

　　有意思的是，作为中国传统酒类蒸馏酒的白酒，并没有完全像纺织业、食品业等轻工产品被机器工业所取代，而是成为中国文化中兼收并蓄、兼容并举的又一大杰出例证。

　　酒作为精神消费品而存在，我觉得它是涵盖了人类视、听、嗅、味、触的完美"艺术品"。在商品泛滥、品类众多的消费社会里，新消费主义掌握了主导权和话语权，视觉的第一观感就显得尤为重要。所以借助"视觉性"

考察，综合历史学、社会学等多学科的研究方法，在多元共生的社会情境下，以酒为媒，建构一种多维的历史叙事结构十分重要。

美中不足的是，反观如今，酒作为食品工业或消费品工业中独特的一个代表性品类，在视觉传播和语言构建上，尤其是文化元素的表现上，宣扬了太多的"标签"。本人拙作中所述，以酒图像为代表的新消费场景来描绘近代开端的酒类图景，时至今日似愈演愈烈。权且称之为"美酒是时光沉淀的礼物，时尚是经典的轮回"这一美好生活画卷吧。

看着寒春里的窗外，还未到满园春绿，虽然行色匆匆，但却闪现着充满希望和前行力量的双眼。虽决定将本书付梓出版，仍然惶恐于自己内心对研究二字的敬畏，还有方家一眼望穿的种种漏洞，像酿酒扬起的糟粕，未能完全弃之，恳请诸位方家多多指点交流。

感谢南京大学历史学院崔之清教授、张生教授、马俊亚教授、李玉教授和江苏省社科院王卫星研究员的用心指教。感谢南京大学朱庆葆教授，我有幸在江南大学参会期间得到他的当面点拨。

衷心希望继往者开来，开来者未来。

薛化松于南京板桥

2022 年 2 月